软件测试技术

主 编◎刘 斌

RUANJIAN
CESHI JISHU

北京师范大学出版集团
BEIJING NORMAL UNIVERSITY PUBLISHING GROUP
北京师范大学出版社

图书在版编目(CIP)数据

软件测试技术/刘斌主编. —北京：北京师范大学出版社，
2021.4(2022.3 重印)
ISBN 978-7-303-26832-0

Ⅰ. ①软… Ⅱ. ①刘… Ⅲ. ①软件－测试 Ⅳ.
①TP311.55

中国版本图书馆 CIP 数据核字(2021)第 036719 号

营 销 中 心 电 话	010-58802181　58805532
北师大出版社科技与经管分社	www.jswsbook.com
电 子 信 箱	jswsbook@163.com

出版发行：北京师范大学出版社　www.bnupg.com
　　　　　北京市西城区新街口外大街 12-3 号
　　　　　邮政编码：100088
印　　刷：天津中印联印务有限公司
经　　销：全国新华书店
开　　本：787 mm×1092 mm　1/16
印　　张：11.5
字　　数：272 千字
版　　次：2021 年 4 月第 1 版
印　　次：2022 年 3 月第 2 次印刷
定　　价：29.90 元

策划编辑：赵洛育		责任编辑：赵洛育
美术编辑：李向昕		装帧设计：李向昕
责任校对：段立超		责任印制：赵　龙

内容简介

软件测试作为一门新兴学科，经过了初级阶段、发展阶段和成熟阶段的历程。本书系统介绍了软件测试的基础概念、工具使用和案例解析。

本书分为 3 篇，共 9 章。第 1 篇为基础篇，共 4 章，介绍了软件测试概述、软件测试分类、软件测试级别及测试工作过程；第 2 篇为应用篇，共 4 章，介绍了系统功能测试、系统非功能测试、基于互联网测试及自动化测试与应用；第 3 篇为实战篇，共 1 章，通过实战测试项目，完整地呈现了软件测试的全过程。通过学习软件测试技术，读者可以全面、深入、透彻地理解软件测试，掌握软件测试最佳实践。

本书条理清晰、内容实用，将理论和实践有效地结合起来。通过企业级真实案例，进行深入浅出的案例教学，力求让读者将学习到的内容融入实际应用。

本书可以作为普通高等院校软件工程专业、计算机专业等相关专业的教材，也可以作为其他各类软件工程从业人员的学习参考用书。

前　言

自 20 世纪中叶以来，软件行业发展迅速，改变了人类的生产和生活方式。随着软件在各行各业中的普及，用户对软件质量的要求也越来越高，特别是物联网和 5G 技术的快速发展，软件行业迎来空前的发展期。同时我们也看到，软件产业还有很大的上升空间，软件的质量一直是困扰从业人员的问题。

软件测试是保证软件质量的重要手段和方法，是软件工程化的重要组成部分。想要高效、高质量地完成软件系统测试，比人们想象的复杂很多。作为从业人员，理解并掌握软件测试的系统知识迫在眉睫。

本书基本覆盖了软件测试各方面的知识，采用理论与实践相结合的方式进行编写。结构上由浅入深、循序渐进。全书分 3 篇（基础篇、应用篇和实战篇）来呈现教材内容。读者在学习本书时，可以在掌握软件测试理论基础的同时，将学习到的测试方法、技术及工具等应用到实际工作中。

本书由厦门理工学院资助，教材建设基金资助项目成果归厦门理工学院所有。

本书由厦门理工学院刘斌主编，在编写过程中得到了厦门理工学院肖伟东教授的大力支持，同时厦门理工学院万念斌、洪阿兰、张素娟等老师也给予了支持和帮助，在此向他们表示诚挚的感谢。

由于编者水平有限，本书难免会存在疏漏和不足之处，恳请广大读者批评指正并及时提出宝贵意见。

作者

2020 年 8 月

目　　录

第1篇　基础篇

第1章　软件测试概述 ·· **3**

1.1　软件缺陷的由来 ·· 3

1.2　软件测试的定义 ·· 5

1.3　软件测试的发展历史 ······································ 5

1.4　软件测试的原则 ·· 6

1.5　软件测试与软件开发的关系 ································ 7

1.6　软件测试的重要性 ·· 7

1.7　软件测试职业前景 ·· 9

   1.7.1　软件测试产业的现状 ······························ 9

   1.7.2　软件测试职业规划 ································ 10

   1.7.3　测试工程师职业素质 ······························ 12

1.8　本章小结 ·· 13

第2章　软件测试分类 ·· **14**

2.1　静态测试和动态测试 ······································ 14

   2.1.1　静态测试 ·· 14

   2.1.2　动态测试 ·· 14

2.2　白盒测试和黑盒测试 ······································ 15

   2.2.1　白盒测试 ·· 15

   2.2.2　黑盒测试 ·· 16

2.3　手动测试和自动化测试 ···································· 17

   2.3.1　手动测试 ·· 17

   2.3.2　自动化测试 ······································ 17

2.4　本章小结 ·· 18

第 3 章　软件测试级别 ……………………………………………… **19**

　3.1　单元测试 ………………………………………………………… 19

　　3.1.1　单元测试的定义 …………………………………………… 19

　　3.1.2　单元测试的原则 …………………………………………… 20

　　3.1.3　单元测试的方法 …………………………………………… 20

　　3.1.4　单元测试的数据 …………………………………………… 21

　　3.1.5　单元测试的工具 …………………………………………… 21

　　3.1.6　单元测试人员 ……………………………………………… 22

　3.2　集成测试 ………………………………………………………… 22

　　3.2.1　集成测试的定义 …………………………………………… 22

　　3.2.2　集成测试的原则 …………………………………………… 23

　　3.2.3　集成测试的方法 …………………………………………… 23

　　3.2.4　集成测试的数据 …………………………………………… 25

　　3.2.5　集成测试人员 ……………………………………………… 25

　3.3　系统测试 ………………………………………………………… 25

　　3.3.1　系统测试的定义 …………………………………………… 25

　　3.3.2　系统测试的主要测试技术 ………………………………… 26

　　3.3.3　系统测试的数据 …………………………………………… 28

　　3.3.4　系统测试人员 ……………………………………………… 28

　3.4　验收测试 ………………………………………………………… 29

　　3.4.1　验收测试的定义 …………………………………………… 29

　　3.4.2　验收测试的主要测试技术 ………………………………… 30

　　3.4.3　验收测试的数据 …………………………………………… 30

　　3.4.4　α、β 测试 ………………………………………………… 31

　　3.4.5　验收测试人员 ……………………………………………… 31

　3.5　本章小结 ………………………………………………………… 32

第 4 章　测试工作过程 ……………………………………………… **33**

　4.1　需求与设计评审 ………………………………………………… 33

　　4.1.1　软件评审的方法与技术 …………………………………… 33

　　4.1.2　需求评审 …………………………………………………… 35

　　4.1.3　设计评审 …………………………………………………… 36

4.2 测试计划的编写 ·· 36

4.2.1 编写测试计划的目的 ···························· 36

4.2.2 编写测试计划 ·· 36

4.2.3 编写测试计划的注意事项 ····················· 37

4.3 测试用例设计 ··· 37

4.3.1 测试用例的定义 ···································· 37

4.3.2 设计用例的目的 ···································· 37

4.3.3 设计用例的操作 ···································· 38

4.3.4 设计用例的常见方法 ···························· 39

4.3.5 测试用例设计模板 ································· 44

4.4 测试脚本开发 ··· 49

4.4.1 测试脚本的定义 ···································· 49

4.4.2 测试脚本分类 ······································· 49

4.5 测试执行 ·· 50

4.5.1 测试执行的定义 ···································· 50

4.5.2 测试执行的过程 ···································· 50

4.6 缺陷分析和质量报告 ··································· 51

4.6.1 缺陷分析 ·· 51

4.6.2 产品总体质量分析 ································· 52

4.7 测试管理 ·· 52

4.7.1 测试管理的概念 ···································· 52

4.7.2 测试管理的能力模型 ···························· 53

4.8 本章小结 ·· 58

第2篇 应用篇

第5章 系统功能测试 ··· **61**

5.1 功能测试的概念 ··· 61

5.2 功能测试的工具 ··· 61

5.2.1 功能测试工具的操作 ···························· 61

5.2.2 功能测试工具的分类 ···························· 62

5.3 本章小结 ·· 63

第 6 章　系统非功能测试 ··· **64**

　　6.1　性能测试 ·· 64

　　　　6.1.1　性能测试的主要类型 ·· 64

　　　　6.1.2　系统性能的主要指标 ·· 65

　　　　6.1.2　性能测试的主要步骤 ·· 66

　　6.2　兼容性测试 ·· 66

　　6.3　安全性测试 ·· 67

　　6.4　用户界面测试 ··· 68

　　6.5　易用性测试 ·· 70

　　6.6　本章小结 ··· 72

第 7 章　基于互联网测试 ··· **73**

　　7.1　众测 ··· 73

　　7.2　云测试 ·· 73

　　　　7.2.1　云测试的定义 ·· 73

　　　　7.2.2　云测试的优势 ·· 73

　　　　7.2.3　常见的云测试平台 ·· 74

　　7.3　本章小结 ··· 77

第 8 章　自动化测试与应用 ·· **78**

　　8.1　自动化测试的概念 ·· 78

　　8.2　自动化测试的原理 ·· 79

　　8.3　自动化测试的实施 ·· 80

　　8.4　功能测试的自动化工具-UFT ·· 80

　　　　8.4.1　UFT 的安装 ·· 81

　　　　8.4.2　UFT 的基本操作 ·· 85

　　8.5　性能测试的自动化工具-LoadRunner ······································ 90

　　　　8.5.1　LoadRunner 的安装 ·· 90

　　　　8.5.2　LoadRunner 的基本操作 ·· 93

　　8.6　本章小结 ··· 99

第 3 篇　实战篇

第 9 章　实战测试项目 ……………………………………………………………………… **103**

9.1　被测系统介绍 …………………………………………………………………… 103

9.2　测试过程概述 …………………………………………………………………… 103

9.2.1　测试计划编写 …………………………………………………………… 104

9.2.2　测试用例设计 …………………………………………………………… 104

9.2.3　测试执行 ………………………………………………………………… 104

9.3　测试报告 ………………………………………………………………………… 115

9.4　本章小结 ………………………………………………………………………… 115

附录 1　软件测试计划 ……………………………………………………………………… **116**

附录 2　软件测试用例 ……………………………………………………………………… **131**

附录 3　软件测试报告 ……………………………………………………………………… **160**

第 1 篇　基础篇

第1章 软件测试概述

任何产品的质量都是生产厂家的生命线，软件产品也不例外。软件测试就是软件企业对软件产品的质量检测。软件测试是软件开发过程中不可缺少的一个环节，是对软件产品最有效的排除和防止软件缺陷与故障、确保软件质量的重要手段。

1.1 软件缺陷的由来

所谓的软件缺陷，常常又被称为 Bug，即计算机软件或程序中存在的任何一种破坏正常运行能力的问题和错误，或者隐藏的功能缺陷。缺陷的存在会导致软件产品在某种程度上不能满足用户的需求。

IEEE 国际标准给出了软件缺陷的定义：软件缺陷就是软件产品中所存在的问题，最终表现为用户所需要的功能没有完全实现，不能满足或不能完全满足用户的需求。从产品内部看，缺陷是软件产品开发或维护过程中存在的错误、问题等；从产品外部看，缺陷是系统所需要实现的某种功能的失效或违背。

1. 软件缺陷的主要类型

软件缺陷的主要类型有以下几种。

(1)功能、非功能特性等没有实现或部分实现。

(2)设计不合理，存在设计问题。

(3)实际结果和预期结果不一致。

(4)运行错误，包括运行宕机、中断、系统崩溃、界面混乱。

(5)数据结果不正确、精度不够。

(6)用户不能接受的其他问题，如用户体验差、存取时间过长、界面不美观。

2. 导致软件缺陷的原因

导致软件缺陷的原因如下。

(1)项目没有被很好地理解，需求分析不充分。

(2)计划不周全，最终导致进度拖延。

(3)没有充分的文档资料作支持。

(4)沟通问题，人与人的交流导致理解的不一致。

(5)软件可靠性缺少度量的标准，质量无法保证。

(6)软件难以维护、不易升级。

3. 产品开发和维护过程中导致软件缺陷的产生

产品开发和维护过程中导致软件缺陷产生的原因如下。

(1)技术问题，如算法错误、语法错误、计算和精度问题、接口参数传递不匹配。

(2)团队工作，如产生歧义、误解、沟通不充分。

(3)软件本身，如文档错误，用户使用场合、时间不协调或由于不一致性所带来的问题，系统的自我恢复、数据的异地备份和灾难性恢复等问题。

4. Bug 的由来

格蕾丝·赫伯(Grace Murray Hopper)，如图 1.1 所示，计算机软件工程第一夫人，杰出的计算机科学家，Cobol 语言设计者，第一位女性美国海军将军，发明了世界上第一个编译器，也是世界上第一个发现"Bug"的人。

1946 年，格蕾丝·赫柏在发生故障的 MarkⅡ计算机的继电器触点里，找到了一只被夹扁的小飞蛾，正是这只小虫子"卡"住了机器的运行。格蕾丝·赫柏顺手将飞蛾夹在工作笔记里，并诙谐地把程序故障称为"Bug"。Bug 的意思是"臭虫"，而这一奇怪的称呼，后来演变成计算机行业的专业术语。如图 1.2 所示为 Bug 原始手稿。虽然现代计算机再也不可能夹扁任何飞蛾，但是大家还是习惯地把排除程序故障叫作"Debug"(除虫)。

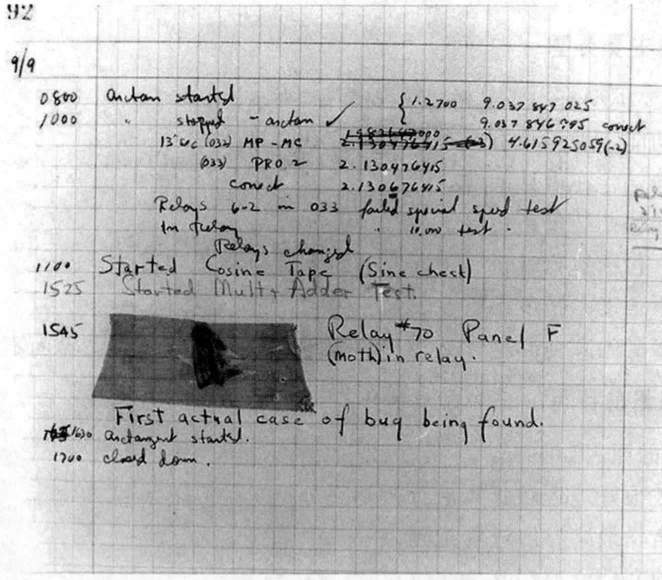

图 1.1　格蕾丝·赫伯

图 1.2　Bug 原始手稿

1.2 软件测试的定义

IEEE 国际标准给出的软件测试的定义是：软件测试是使用人工或自动化的手段来运行或测定某个软件系统的过程，其目的在于检验它是否满足规定的需求或弄清楚预期结果与实际结果之间的差别。

现在，人们普遍认为，软件测试是指软件产品生命周期内所有的检查、评审和确认活动，如设计评审、系统测试。软件测试是对软件产品质量的检验和评价，是保证软件质量的重要手段，软件测试是软件工程的重要组成部分。

1.3 软件测试的发展历史

迄今为止，软件测试的发展一共经历了五个重要时期。

(1)1957 年之前：以调试为主(Debugging Oriented)。

(2)1957—1978：以证明为主(Demonstration Oriented)。

(3)1979—1982：以破坏为主(Destruction Oriented)。

(4)1983—1987：以评估为主(Evaluation Oriented)。

(5)1988 年至今：以预防为主(Prevention Oriented)。

1. 以调试为主

20 世纪 50 年代，计算机刚诞生不久，只有科学家级别的人员才会去编程，需求和程序远远没有现在这么复杂多变，相当于开发人员一人承担了需求分析、设计、开发、测试等所有工作，当然也不会有人去区分调试和测试，但是严谨的科学家们已经开始思考"怎么知道程序满足了需求?"这类问题了。

2. 以证明为主

1957 年，Charles Baker 在他的一本书中对调试和测试进行了区分。

· 调试(Debug)：确保程序做了程序员希望它做的事情。

· 测试(Testing)：确保程序解决了它该解决的问题。

这是软件测试史上一个重要的里程碑，它标志测试终于自立门户师出有名了。当时计算机应用的数量、成本和复杂性都大幅度提升，随之而来的经济风险也大大增加，测试就显得很有必要了，这个时期测试的主要目的就是确认软件是满足需求的，也就是我们常说的"做了该做的事情"。

3. 以破坏为主

1979 年，《软件测试的艺术》的第一版问世，这本书是测试界的经典之作。书中给出了软件测试的经典定义：测试是为发现错误而执行程序的过程。

这个观点较之前的以证明为主的思路，是一个很大的进步。人们不仅要证明软件做了该做的事情，也要保证它没做不该做的事情，这使测试更加全面，更容易发现问题。

4. 以评估为主

1983 年，美国国家标准局（National Bureau of Standards）发布"Guideline for Lifecycle Validation，Verification and Testing of Computer Software"，也就是常说的 VV&T。VV&T 提出了测试界很有名的两个名词：验证（Verification）和确认（Validation）。

人们提出了在软件生命周期中使用分析、评审、测试来评估产品的理论。软件测试工程在这个时期得到了快速的发展。

（1）出现测试经理（Testing Manager）、测试分析师（Testing Analyst）等职称。

（2）举办正式的国际性测试会议和活动。

（3）创办大量测试刊物。

（4）发布相关的国际标准。

综上所述，软件测试开始作为一门独立的、专业的、具有影响力的工程学逐步发展起来了。

5. 以预防为主

预防为主是当下软件测试的主流思想之一。STEP（Systematic Test and Evaluation Process）是最早的一个以预防为主的生命周期模型，STEP 认为测试与开发是并行的，整个测试的生命周期也是由计划、分析、设计、开发、执行和维护组成，也就是说，测试不是在编码完成后才开始介入，而是贯穿于整个软件生命周期。众所周知，没有 100% 完美的软件，零缺陷是不可能的，所以我们要做的是：尽早地介入，尽早地发现程序中明显的或隐藏的 Bug，发现得越早，修复的成本越低，产生的风险也越小。

虽然每一个发展阶段对软件测试的认识都有其局限性，但是人们一直在思考和总结前人的经验，创造性地提出新的理论和方向，这种精神非常值得尊敬和学习。

从整体行业背景来看，一方面，在中国的很多软件企业存在着重开发、轻测试的现象，造成软件产品的质量问题频出，亟待解决；另一方面，市场上的软件测试人员偏少，岗位缺口较大，不少企业以开发暂代测试，以作急用。目前软件测试人才的缺口在 30 万人以上。

从个人职业发展来看，软件测试人才更强调岗位的经验积累。从业者在拥有几年的测试经验背景后，可以逐步转向管理或者资深测试工程师，担当测试经理或者部门主管，所以职业寿命更长。另外，由于国内软件测试工程师人才奇缺，并且一般只有大中型企业才会单独设立软件测试部门，所以待遇普遍较高。

综上所述，软件测试行业前景广阔。

1.4 软件测试的原则

软件测试的原则有以下几点。

（1）软件测试是证伪而非证真，测试是证明软件存在缺陷的过程。

（2）软件测试工作应该尽早启动。

（3）重视无效数据和非预期使用习惯的测试。

（4）程序员应避免检查自己的程序，软件测试应由第三方来负责。

（5）缺陷存在群集现象，要充分注意测试中的群集现象。

（6）用例要定期评审，适时补充修改用例。

（7）应当对每一个测试结果做全面检查。

（8）软件测试的经济性原则。

（9）不可能执行穷尽测试。

（10）杀虫剂悖论。

（11）不同测试活动依靠不同测试背景。

（12）不存在缺陷谬论。

（13）测试现场保护和资料归档。

1.5 软件测试与软件开发的关系

软件测试和软件开发的关系如图1.3所示。

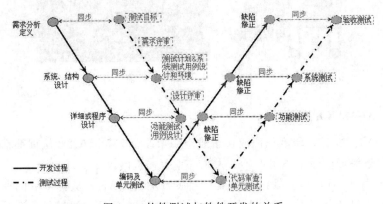

图1.3 软件测试与软件开发的关系

1.6 软件测试的重要性

用户为了保证自己业务的顺利完成，希望选用优质的软件。质量不佳的软件产品不仅会使开发商的维护费用和用户的使用成本大幅度增加，还可能产生其他的责任风险，造成公司信誉下降等问题。一些关键的应用领域（如银行、证券交易、军事等）如果软件质量有问题，还可能造成灾难性的后果。多年来，由于软件质量问题导致的事故比比皆是，轻则导致经济损失，重则导致人员伤亡，下面将介绍几个由于软件质量问题导致软件事故的案例，来证明软件测试的重要性。

1. 阿丽亚娜 5 型火箭的首航悲剧

1996 年 6 月 4 日，阿丽亚娜 5 型运载火箭的首航，如图 1.4 所示，原计划将运送 4 颗太阳风观察卫星到预定轨道，但因软件引发的问题导致火箭在发射 39 秒后偏离轨道，从而激活了火箭的自我摧毁装置。阿丽亚娜 5 型火箭和其他卫星在瞬间灰飞烟灭。

经查明，事故原因是：代码重用。阿丽亚娜 5 型的发射系统代码直接重用了阿丽亚娜 4 型的相应代码，而阿丽亚娜 4 型的飞行条件和阿丽亚娜 5 型的飞行条件截然不同。此次事故造成损失共计 3.7 亿美元。

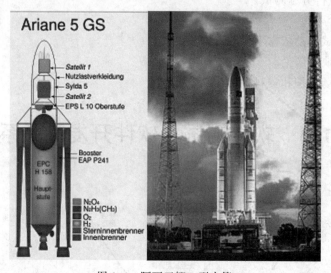

图 1.4　阿丽亚娜 5 型火箭

2. 波音 737 MAX 8 空难

2018 年 10 月 29 日，印度尼西亚狮子航空一架波音 737 MAX 8 从首都雅加达起飞 13 分钟后，在附近海域坠毁，飞机上 189 人无一幸免，机龄仅 2 个月。

2019 年 3 月 10 日，埃塞俄比亚航空一架波音 737 MAX 8 从首都亚的斯亚贝巴起飞后约 6 分钟，飞机坠落，8 名机组人员和 149 名乘客无人生还，机龄仅 4 个月。

短短 130 多天，两起事故，346 人罹难，在沉痛哀悼的同时，也不禁发问，究竟是什么原因导致了空难的发生？

随后根据空难的最新调查报告显示，事故的疑点被指向该机型的控制系统。而后期新闻消息显示，波音总裁丹尼斯·米伦伯格发布声明正式承认两起空难与飞机自动防失速系统"机动特性增强系统"有关。

3. 触目惊心的温州 7.23 动车事故

2011 年 7 月 23 日 20 时 30 分 05 秒，由北京南站开往福州站的 D301 次列车与杭州站开往福州南站的 D3115 次列车发生动车组列车追尾事故，如图 1.5 所示，造成 40 人死亡、172 人受伤，中断行车 32 小时 35 分，造成直接经济损失共计 19 371.65 万元。

图 1.5　温州"7.23 动车事故"现场

后经调查显示，"7·23"动车事故是由于温州南站信号设备在设计上存在严重缺陷造成的，遭雷击发生故障后，导致本应显示为红灯的区间信号机错误显示为绿灯。

1.7　软件测试职业前景

1.7.1　软件测试产业的现状

随着中国软件行业的迅猛发展，软件产品的质量控制与质量管理正逐渐成为企业生存与发展的核心。为提高自身的竞争能力，软件企业必须重视和加强软件测试。实际上，软件测试行业在国外已经很成熟了。据统计，欧美软件项目中，软件测试的工作量和费用已占到项目总工作量的 30%～40%。国外成熟的软件企业，如微软，软件开发人员与测试人员的比例约为 1：2。而国内软件企业，平均 8 个软件开发工程师才对应 1 个软件测试工程师，比例严重失衡。

国内软件行业因对软件质量控制的重要性认识较晚，尚未形成系统化的软件测试人才需求供应链，造成了目前企业欲招纳软件测试人才，却"千金难求"的尴尬局面。在近期的多场大型招聘会上，IBM、百度、华为、惠普、盛大网络、联想集团等国内外大型信息技术企业均表现出对成熟软件测试人才的期盼，而微软、三星、西门子、思科、华为等多家国内外信息技术巨头则相继在全国各大高校招兵买马，并把软件测试人才的招聘放在了突出的位置。前程无忧的"无忧指数"也显示，软件测试工程师已经成为近年最紧缺的人才之一。

据统计，国内软件测试工程师的缺口为 30 万之多，目前，国内软件测试工程师的来源主要有三个方面。

（1）以前专业做软件开发的人员后来转行做软件测试。

(2)从大学招聘的专科、本科毕业生或者研究生。

(3)通过培训机构招聘的专业学员。

国内软件测试培训机构主要分为以下两大类。

(1)专门的软件测试培训机构。

专门的软件测试培训机构只做软件测试方面的培训，例如，中国软件测评中心、北大测试、北京慧灵科技、赛宝软件评测中心、上海心力教育、上海博为峰、国家软件评测中心培训部等。

(2)社会上的一些信息技术培训机构。

社会上的信息技术培训机构推出的课程比较多，软件测试培训只是其中的一个培训项目，如中科院计算所培训中心、新东方职业教育中心、渥瑞达北美IT培训中心、深圳优迈科技等。

当然，国内软件测试产业也正在慢慢发展。第一，软件测试工具的开发取得了显著进展，如西安交通大学开发的COBOL测试系统CTPS-1、华中科技大学开发的C语言程序设计在线编译测试系统、北京航空航天大学与清华大学开发的C软件综合测试系统、中科软科技股份有限公司的I-Test测试工具等。第二，软件公司为软件测试设置了相应部门，如东软、神州数码等软件公司。第三，软件测试行业正在满足越来越多的就业需求。

软件测试行业顺应全球化和信息化发展趋势，符合我国信息化与工业化发展目标，是新兴的朝阳行业。优秀的测试从业者依靠软件测试的专业技术，可以获得职业的不断提升，随着测试能力的提升，薪资待遇不断提升，成为受人尊敬的测试专家。

1.7.2　软件测试职业规划

每个测试从业者都希望通过努力提高工作职位，实现个人价值。软件测试从业者有哪些岗位可以不断提高和发展呢？软件测试网的专家将软件测试职业进行全方位分析，提出了软件测试职业发展具有多级别、多层次、多方向、多职位的"四多"特征。软件测试者职业发展规划如图1.6所示。

(1)级别角度。

级别角度描述了测试工作的影响范围，从小到大的各个级别分别是"任务级""项目级""部门级""组织级"和"行业级"。最小的测试工作影响范围只能影响到某个具体的测试任务，最高的测试工作可以影响到测试行业的发展趋势。

(2)层次角度。

层次角度描述了测试工作在组织结构中所在的地位，从低到高的各个层次分别是"执行层""设计层""计划层""决策层"和"指引层"。测试工作最底层是软件测试的具体执行工作，最高层的测试工作可以指引测试行业的发展。

(3)方向角度。

方向角度描述了测试工作的技能发展趋势，可以分为"技术"和"管理"两个方向。"技术"方向是在测试技术、领域技术和软件工程技术的广度和深度方面进行发展。"管理"方向是向提高组织能力、领导能力、沟通协调能力方面深入发展。

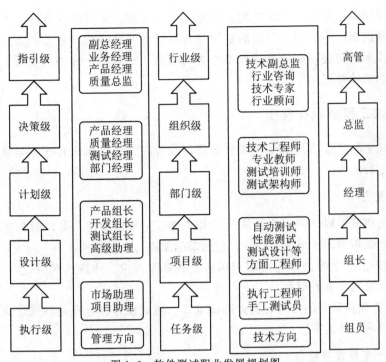

图 1.6　软件测试职业发展规划图

(4)职位角度。

职位角度描述了测试工作对应的具体岗位类别,职位类别可以分为"组员""组长""经理""总监"和"高管",每个类别分别对应相应的测试岗位。目前某地区大部分软件公司测试岗位与薪资待遇对应图如图 1.7 所示。

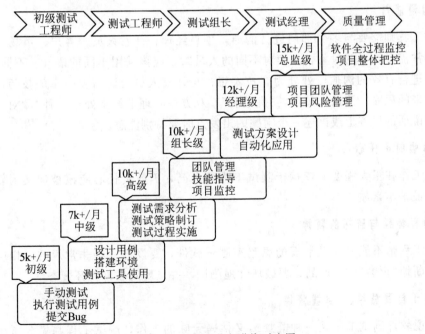

图 1.7　测试岗位与薪资对应图

测试工作的职业发展方向决定测试职业的职位发展，测试职业发展的不同职业级别和层次影响测试职位的类别，不同的组织具有不同的测试职位名称及职责要求。软件测试强调实践性和应用性，无论今后向哪个方向发展，达到哪个级别和层次，最好从最基础的测试小组成员做起。

1.7.3　测试工程师职业素质

一个测试工程师应该具备哪些职业素质，或者应聘测试岗位有什么要求呢？通常需要具备以下七种能力。

1. 技术能力

作为一名测试工程师，不仅能从使用者的角度来测试软件产品，而且还能从技术的角度来设计测试用例，这里所说的技术包括基础课程与专业技术。

（1）基础方面应学习的课程有编程语言、数据库理论、计算机网络技术、软件工程、数据结构、计算机组成原理等。

（2）专业方面应掌握的技术有软件测试基础、测试设计、自动化测试工具、软件质量管理、一门或多门外语等。

2. 具有一定的编程经验

测试工程师需要对源代码进行检查，特别是白盒测试工程师要从程序结构的角度来测试软件，编写测试脚本。读懂源代码对白盒测试工程师来说是最基本的要求，而且如果有一定的编程经验，可以帮助测试工程师深入了解软件开发过程，并从编程人员的角度来正确地评价待测系统。

3. 沟通能力

测试工程师需要与多个部门进行沟通，项目经理、开发人员、客户、市场人员等都是测试经常需要沟通的对象，在面对不同的人员时，应该采用不同的语气、不同的态度。与客户要进行有效的沟通，处处为客户着想；与开发人员交流需要一定的技巧，开发人员开发出来的程序，测试人员需要"挑毛病"，双方在心理上经常处于一种"敌对"的态度。因此，在说话的语气上或讲述一个问题的出发点时要特别注意。

4. 超强的责任心

测试工作在很大程度上依赖于测试工程师自己，因此责任心应该被定义为软件测试工程师的最基本素质。

5. 具有怀疑与破坏的精神

测试工程师不能总是以常规的思路来测试软件，要设计一些非常规的、相反的测试用例来不断地"折磨"软件产品，要破坏性地测试，并且要对软件持怀疑态度。

6. 善于自我总结、自我督促

应该说软件测试工作是一种既烦琐又枯燥无味的工作，测试工程师做久了会觉得工作似乎一成不变，对自己的能力没有提高，这时就需要做自我督促，并经常做阶段性的总结。新的技术、新的方法、新的工具层出不穷，要让自己跟上技术发展的脚步，善于将新技术、新方法、新工具应用到测试工作当中。

7. 团队合作

经常参加团队活动，提高自己的团队作战能力。

1.8 本章小结

本章主要介绍了软件测试的基本概念。学习本章后，应当做到以下几点。

(1)了解软件缺陷的由来。

(2)掌握软件测试的定义。

(3)了解软件测试的发展历史。

(4)理解软件测试的原则。

(5)掌握软件测试与软件开发的关系。

(6)理解软件测试的重要性。

(7)了解软件测试的职业前景。

第 2 章　软件测试分类

软件测试的分类有很多，从不同的角度，可以把软件测试分成不同的类型，本章将介绍一些常见的软件测试分类情况。

2.1　静态测试和动态测试

在测试过程中，从执行测试对象的角度，可以把测试分为静态测试和动态测试。

2.1.1　静态测试

静态测试方法是指不运行被测程序本身，仅通过分析或检查源程序的语法、结构、过程、接口等来检查程序的正确性。通过对需求规格说明书、软件设计说明书、源程序结构分析、流程图分析、符号执行等来找出错误。静态测试方法通过程序静态特性的分析，找出欠缺和可疑之处，例如，不匹配的参数、不适当的循环嵌套和分支嵌套、不允许的递归、未使用过的变量、空指针的引用和可疑的计算等。静态测试结果可用于进一步的查错，并为测试用例的选取提供指导。

静态测试包括代码检查、静态结构分析、代码质量度量等。它可以由人工进行，充分发挥人的逻辑思维优势，也可以借助软件工具自动进行。代码检查包括代码检查、桌面检查、代码审查等，主要检查代码和设计的一致性，代码对标准的遵循、可读性，代码的逻辑表达的正确性，代码结构的合理性等方面。可以从中发现违背程序编写标准的问题，程序中不安全、不明确和模糊的部分，找出程序中不可移植部分、违背程序编程风格的问题，包括变量检查、命名和类型审查、程序逻辑审查、程序语法检查和程序结构检查等内容。

在实际使用中，代码检查比动态测试更有效率，能快速找到缺陷，发现 $40\% \sim 60\%$ 的逻辑设计缺陷和编码缺陷，代码检查看到的是问题本身而非征兆。但是代码检查非常耗费时间，并需要知识和经验的积累。代码检查应在编译和动态测试之前进行，在检查前，应准备好需求描述文档、程序设计文档、程序的源代码清单、代码编码标准和代码缺陷检查表等。静态测试具有发现缺陷早、返工成本低、覆盖重点和发现缺陷的概率高的优点，同时也具有耗时长、不能测试依赖和技术能力要求高的缺点。

2.1.2　动态测试

在软件测试领域，大多数情况下，动态测试被认为是在计算机上运用特定的测试用例执行测试对象、获得测试结果的过程。

动态测试方法是指通过运行被测程序，检查运行结果与预期结果的差异，并分析运行效率、正确性和健壮性等性能。这种方法由三部分组成：构造测试用例、执行程序、分析程序的输出结果。

动态测试方法的主要特征是，必须真正运行被测试程序，通过输入测试用例对其运行情况进行软件缺陷与错误的检测，即对输入与输出的对应关系进行动态分析，达到测试目的。从软件生命周期的视角进行审视，动态测试贯穿于软件产品开发过程及生命周期的每个阶段，其历程可在组件测试、集成测试、系统测试、验收测试的活动过程中。这个过程在软件产品发布之后直到软件生命结束，将一直持续地进行下去。所以，动态测试实际上也属于软件维护测试的范畴。

动态测试分析的测试对象（软件或程序）必须是可执行的，并在程序执行之前需要提供测试数据、测试条件及测试环境。

2.2 白盒测试和黑盒测试

在测试过程中，从关心内部逻辑的角度，可以把测试分为白盒测试和黑盒测试，如图2.1所示。这两种测试方法从不同的角度出发，反映了软件的不同侧面，也适用于不同的开发环境。

图 2.1 黑盒测试与白盒测试

2.2.1 白盒测试

白盒测试又称结构测试、透明盒测试、逻辑驱动测试或基于代码的测试。白盒测试是一种测试用例设计方法，盒子指的是被测试的软件，白盒指的是盒子是可视的，即清楚盒子内部的东西以及里面是如何运作的。白盒测试需要全面了解程序内部逻辑结构，并对所有逻辑路径进行测试，白盒测试是穷举路径测试。在使用这一方案时，测试工程师必须检查程序的内部结构，从检查程序的逻辑着手，得出测试数据。

白盒测试通过检查软件内部的逻辑结构，对软件中的逻辑路径进行覆盖测试。在程序的不同地方设立检查点，检查程序的状态，以确定实际运行状态与预期状态是否一致，如图2.2所示。

图 2.2　白盒测试示意图

2.2.2　黑盒测试

黑盒测试是通过测试来检测每个功能是否都能正常使用。在测试中，把程序看作一个不能打开的黑盒子，在完全不考虑程序内部结构和内部特性的情况下，在程序接口进行测试，它只检查程序功能是否按照需求规格说明书的规定正常使用，程序是否能适当地接收输入数据而产生正确的输出信息。黑盒测试着眼于程序外部结构，不考虑内部逻辑结构，主要针对软件界面和软件功能进行测试。

黑盒测试是以用户的角度，从输入数据与输出数据的对应关系出发进行测试。很明显，如果外部特性本身设计有问题或需求规格说明的规定有误，用黑盒测试方法是发现不了的。

采用黑盒测试方法，测试工程师把测试对象看作一个黑盒子，完全不考虑程序内部的逻辑结构和内部特性，只依据程序的需求规格说明书，检查程序的功能是否符合它的功能说明。测试工程师无须了解程序代码的内部构造，完全模拟软件产品的最终用户使用该软件，检查软件产品是否达到了用户的需求。

黑盒测试方法能更好、更真实地从用户角度来考察被测系统的功能性需求的实现情况。在软件测试的各个阶段，如单元测试、集成测试、系统测试及验收测试等阶段中，黑盒测试都发挥着重要作用，尤其在系统测试和确认测试中，其作用是其他测试方法无法取代的，如图 2.3 所示。

图 2.3　黑盒测试示意图

2.3 手动测试和自动化测试

在测试过程中，从使用测试工具的角度，可以把测试分为手动测试和自动化测试。

2.3.1 手动测试

手动测试，即靠人力来查找缺陷，手动测试需要手动执行测试用例，并不需要使用自动化工具。测试工程师以最终用户的角度手动执行所有测试用例，它确保应用程序正如需求文档中所描述的那样工作。计划和实施测试用例以完成大概100％的软件应用程序。测试用例报告也是手动生成的。

手动测试可以找到软件中可见和隐藏的缺陷。由软件给出的预期输出和实际输出之间的差异被定义为缺陷。开发人员修复了缺陷并将其交给测试工程师进行重新测试。

2.3.2 自动化测试

自动化测试是相对于手动测试而存在的一个概念。自动化测试是把以人为驱动的测试行为转化为机器执行的过程。通常，在设计了测试用例并通过评审之后，由测试工程师根据测试用例中描述的规程一步步执行测试，得到实际结果与期望结果的比较。在此过程中，为了节省人力、时间或硬件资源，提高测试效率，便引入了自动化测试的概念。判断是否为自动化测试，就是看测试工程师是否用到测试工具。

自动化测试的原理，如图 2.4 所示。

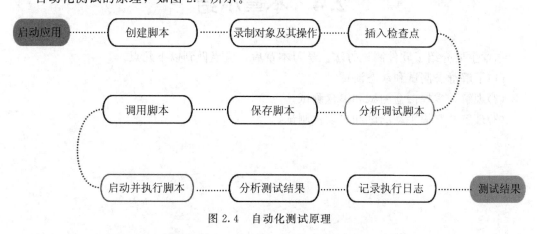

图 2.4 自动化测试原理

自动化测试工具有很多，测试工程师可以根据测试方法的不同，分为白盒测试工具和黑盒测试工具、静态测试工具和动态测试工具等。

根据工具的来源不同，分为开源测试工具和商业测试工具、自主开发的测试工具和第三方测试工具等。

根据测试的对象和目的不同，分为单元测试工具、功能测试工具、性能测试工具、测试管理工具等。

如图 2.5 所示为测试方法分类与关系分析。

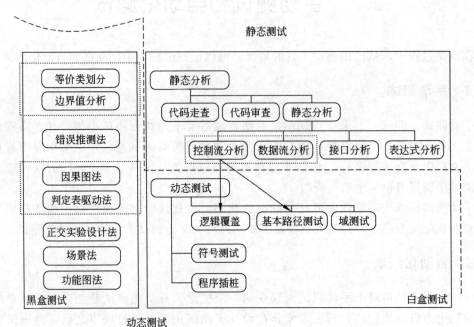

图 2.5　测试方法分类与关系分析

2.4　本章小结

本章主要介绍了软件测试方法。学习本章后，应当做到以下几点。

（1）了解静态测试和动态测试。

（2）理解并掌握白盒测试和黑盒测试。

（3）理解并掌握手动测试和自动化测试。

第 3 章　软件测试级别

软件测试级别与软件设计周期有着相互对应的关系。软件测试级别可以分成不同阶段。从过程来说，可以分成单元测试、集成测试、系统测试和验收测试等测试阶段。

3.1　单元测试

3.1.1　单元测试的定义

单元测试是对已经实现的软件最小单元进行测试，以保证构成软件系统的各个单元的质量。在单元测试活动中，强调被测试对象的独立性。单元测试应从各个层次来对单元内部算法、外部功能实现等进行检验，包括对程序代码的评审和通过运行单元程序来验证其功能特性等。

单元测试是 V 模型的测试级别中最低级别的测试，单元测试是其他级别测试的基础，如图 3.1 所示。

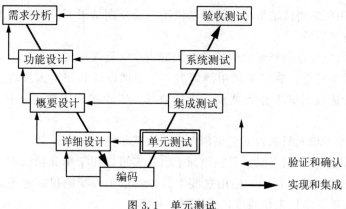

图 3.1　单元测试

单元测试(Unit Testing)又称为模块测试，是对构成软件的最小单元进行的测试。在一个软件系统中，一个单元是指具备以下特征的代码块。

(1)具有明确的功能。

(2)具有明确的规格定义。

(3)具有明确的与其他部分接口定义。

(4)能够与软件的其他部分清晰地进行划分。

单元测试的依据如下。

(1)单元或组件的需求说明。

(2)详细设计文档。

(3)代码。

典型的单元测试对象如下。

(1)单元或组件。

(2)程序。

(3)数据转换/移植程序。

(4)数据库模型。

3.1.2 单元测试的原则

在工程实践中,单元测试应该遵循如下原则。

(1)单元测试越早进行越好。有的开发团队甚至提出测试驱动开发,认为软件开发应该遵循"先写测试、再写代码"的编程途径。软件中存在的错误发现得越早,修改维护的费用越低,而且难度越小,所以单元测试是发现软件错误的最好时机。

(2)单元测试应该依据软件详细设计规格说明进行。进行单元测试时,应仔细阅读软件详细设计规格说明,而不要只看代码,不看设计文档。如果只查代码,仅能验证代码应该做某件事,而不能验证它不应该做这件事。

(3)对于修改过的代码应该重做单元测试,保证对已发现的错误进行了修改而且没有引入新的错误。

(4)当测试用例的测试结果与设计规格说明上的预期结果不一致时,测试工程师应如实记录实际的测试结果。

(5)单元测试应注意选择好被测软件单元的大小。软件单元划分太大,内部逻辑和程序结构就会变得很复杂,造成测试用例繁多,令用例设计和评审人员疲惫不堪;而软件单元划分太细会造成测试工作太烦琐,降低效率。工程实践中要适当把握好划分原则,不能过于拘泥。

(6)一个完整的单元测试说明应该包含正面测试和负面测试。

(7)注意使用单元测试工具。目前市面上有很多可以用于单元测试的工具。单元测试非常需要软件测试工具的帮助,使用这些工具,测试工程师能很好地把握测试进度,避免大量的重复劳动,降低工作强度,提高测试效率。

3.1.3 单元测试的方法

单元测试主要采用白盒测试的方法,辅以黑盒测试方法。白盒测试方法主要应用于代码评审、单元程序检验之中,而黑盒测试方法主要应用于模块、组件等大单元的功能测试中。

通过开发环境的支持,如单元测试框架或调试工具,单元测试会深入代码中,而且实际上设计代码的开发人员通常也会参与单元测试。在这种情况下,如果发现缺陷,就可以立即进行修改，而不需要正式的缺陷管理过程。

单元测试的一个方法是在编写代码之前就完成测试用例的编写和测试用例自动化（即完成人工测试用例和自动化测试用例的编写），这种方法被称为测试优先的方法或测试驱动开发。这是高度迭代的方法，并且取决于如下的循环周期：测试用例的开发、构建软件单元和渐增集成、执行单元测试、修正任何问题并反复循环，直到它们全部通过测试。

在进行单元测试时，测试工程师常用白盒测试技术设计测试用例，并采用自动化测试方法（单元测试框架，如 JUnit、NUnit 等）执行单元测试。

3.1.4 单元测试的数据

在单元测试中通常不使用真实数据，当被测试单元的功能不涉及操纵或使用大量数据时，测试中可以使用有代表性的小部分手工制作的测试数据。在创建测试数据时，应确保数据具有充分地测试单元的边界条件；当被测试单元要操纵大量数据，并且有很多单元都有这种需求时，可以考虑使用真实数据中较小的有代表性的样本。测试时还要考虑向样本数据中引入一些手工制作的数据，以便测试单元的某个具体特性，例如，对错误条件的响应等。

当测试的单元要从远程数据源接收数据时，例如，从一个客户端/服务器系统中接收数据时，有必要在单元测试中使用测试辅助程序，模拟对这些数据的访问。但在考虑这种选择时，必须首先对开发的测试辅助程序进行测试，以保证模拟的真实性。

当然，如果为了执行单元测试手工制作了一些数据，应考虑这些数据的重用，如在后面的测试阶段使用这些数据。

3.1.5 单元测试的工具

目前市面上有很多可以用于单元测试的工具。单元测试也非常需要工具的帮助，使用这些自动化测试工具，能避免大量的重复劳动，降低工作强度，有效地提高测试效率，使测试工程师能把精力放在更有创造性的工作上。

自动化单元测试工具的工作原理是借助于驱动模块与桩模块工作，运行被测软件单元以检查输入的测试用例是否按软件详细设计规格说明的规定执行相关操作。

目前，单元测试的测试工具类型较多，按照测试的范围和功能，可以分为静态分析工具、代码规范审核工具、内存和资源检查工具、测试数据生成工具。

在众多的工具中，JUnit 是比较有代表性的单元测试框架。1989 年，肯特·贝克（Kent Beck）为编程语言 Smalltalk 开发了单元测试框架 sUnit，sUnit 是单元测试框架的鼻祖，测试工程师针对不同的编程语言开发了相应的单元测试框架，所有的单元测试框架组成了一个大家族，这就是 xUnit。

JUnit 是一个 Java 语言的单元测试框架。它由 Kent Beck 和 Erich Gamma 开发，并逐渐成为 xUnit 家族中最成功的一个。JUnit 有自己的 JUnit 扩展生态圈。大多数 Java 的开发环境使用 JUnit 作为单元测试的工具。

CppUnit 是一个基于 LGPL 的开源项目，最初版本移植自 JUnit，是一个非常优秀的开源测试框架。它是一个专门面向 C++的单元测试框架。

NUnit 是 xUnit 家族的一员，它是一个专门面向. NET 语言的单元测试框架。

TestNG，即下一代测试技术，是根据 JUnit 和 NUnit 的思想，采用 Jave Developing Kit 的 Annotation 技术来强化测试功能并借助 XML 文件强化测试组织结构而构建的测试框架。TestNG 的强大之处还在于它不仅可以用来做单元测试，还可以用来做集成测试。

此外，还有 HtmlUnit、Unittest(Python)、JsUnit(JavaScript)等。

3.1.6　单元测试人员

单元测试一般由开发组人员在组长的监督下进行，由编写该单元的开发设计者设计所需的测试用例和测试数据，来测试该单元并修改缺陷。开发组组长负责保证使用合适的测试技术，在合理的质量控制和监督下执行充分的测试。

实验表明，在单元测试中，尤其是对代码的评查和检查时，如果充分发挥开发组团队的作用，可十分有效地找出单元的缺陷，因为有些代码的错误，设计者自身很难发现和查找。因此，在单元测试阶段，适当的评审和检查技术对难于发现的缺陷是十分有效的。

在单元测试中，开发组组长有时可以根据实际情况考虑邀请一个用户代表观察单元测试，尤其是当涉及处理系统的业务逻辑或用户接口操作方面时，更应如此。这样，在单元测试阶段可以得到用户的一些非正式反馈意见，并在正式验收测试之前，根据用户的期望完善系统。

3.2　集成测试

3.2.1　集成测试的定义

将经过单元测试的模块按设计要求把它们连接起来，组成所规定的软件系统的过程称为"集成"。

V 模型中的第二个测试级别是集成测试，如图 3.2 所示。集成测试关注的是单元与单元之间是否能协同工作。集成测试与单元测试密切相关，单元测试是集成测试的前提，在做单元测试时也可以做某种形式的集成测试，如模拟集成测试。

集成测试的依据有如下几点。

(1)软件和系统概要设计文档。

(2)系统架构。

(3)工作流。

(4)用例。

典型的集成测试对象如下。

(1)组件与组件是否能协同工作形成子系统。

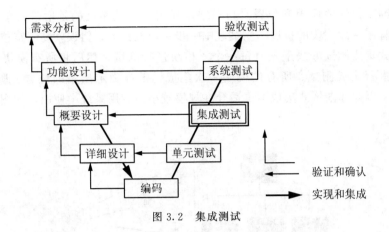

图 3.2　集成测试

(2)全局数据结构。

(3)组件之间的数据交换。

(4)子系统内组件与组件的接口、子系统与外界的接口。

(5)系统配置和配置数据。

3.2.2　集成测试的原则

要做好集成测试不是一件容易的事情，因为集成测试不好把控，集成测试应针对总体设计尽早开始筹划，为了做好集成测试，需要遵循以下原则。

(1)所有公共接口都要被测试到。

(2)关键模块必须进行充分的测试，集成测试应当按一定的层次进行。

(3)集成测试的策略选择应当综合考虑质量、成本和进度之间的关系。

(4)集成测试应当尽早开始，并以总体设计为基础。

(5)在模块与接口的划分上，测试工程师应当和开发人员进行充分的沟通。

(6)当接口发生修改时，涉及的相关接口必须进行再次测试。

(7)测试执行结果应当如实的记录。

3.2.3　集成测试的方法

集成测试主要测试软件的结构问题，因为测试建立在模块的接口上，所以多采用黑盒测试技术，适当辅以白盒测试技术。集成测试通常在系统设计要求以及总体设计文档中表述的功能和数据需求的基础上进行。

集成测试的方法有很多种，如非增量式集成测试和增量式集成测试、非渐增式集成测试、渐增式集成测试、三明治集成测试、核心集成测试、分层集成测试、基于使用的集成测试等。其中，常用的是非增量式集成测试和增量式集成测试两种模式。一些开发设计人员习惯于把所有模块按设计要求一次全部组装起来，然后进行整体测试，这称为非增量式集成测试。这种模式容易出现混乱，因为测试时可能发现很多错误，为每个错误定位和纠正非常困难，并且在改正一个错误的同时，又可能引入新的错误，新旧错误混杂,更难断定出错的原因和位置。与非增量式集成测试相反的是增量式集成测试,测试工程师将程序一段一段的扩展,测试范围一步一步地扩大,错误就易于定位和纠正。

非渐增式集成测试方法是先对每一个子模块进行测试,然后将所有模块一次性的全部集成起来进行集成测试。所有的模块一次集成,很难确定出错的位置、所在的模块、错误的原因。因此非渐增式集成测试适合在规模较小的应用系统中使用,如图3.3所示。

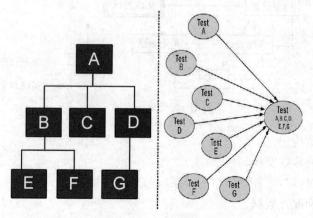

图 3.3 非渐增集成测试

渐增式集成测试方法是把下一个要测试的模块同已经测试好的模块结合起来进行测试,测试完以后再把下一个应该测试的模块结合进来测试,如图3.4和图3.5所示。

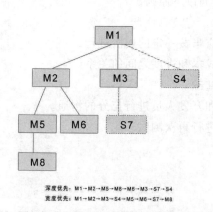

图 3.4 自顶向下非渐增式集成测试

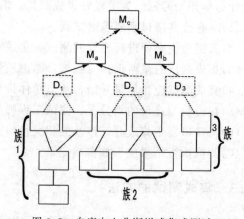

图 3.5 自底向上非渐增式集成测试

三明治集成测试采用自顶向下、自底向上集成相结合的方式,并采取持续集成的策略,有利于尽早发现缺陷,提高工作效率。采用三明治集成测试方法的优点是:它将自顶向下和自底向上的集成方法有机地结合起来,不需要编写程序,因为在测试初自底向上集成时已经验证了底层模块的正确性。采用这种方法的主要缺点是:在真正集成之前每一个模块没有独立测试过。三明治集成测试如图3.6所示。

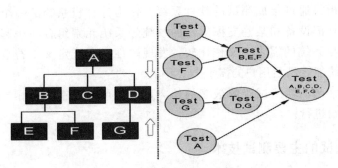

图 3.6 三明治集成测试

3.2.4 集成测试的数据

集成测试的主要目的是验证组成软件系统的各模块正确的接口和交互作用，因此集成测试对软件有特殊的性能要求。数据的要求无论从难度和内容来说一般不是很高。集成测试一般也不使用真实数据，测试工程师可以手工制作部分代表性的测试数据。在创建测试数据时，应保证数据具有充分测试软件系统的边界条件。

在单元测试时，根据需要生成了一些测试数据，在集成测试时可适当地重用这些数据，这样可以节省时间和人力。

3.2.5 集成测试人员

集成测试不是在真实环境下进行，而是在开发环境或独立的测试环境下进行的，所以集成测试一般由测试工程师和从开发组中选出的开发人员共同完成。一般情况下，集成测试的前期测试由开发人员或白盒测试人员来完成，通过前期测试后，就由测试部门来完成。整个集成测试工作是在测试组长的领导和监督下进行，测试组长负责保证在合理的质量控制和监督下使用合适的测试技术。

在集成测试的过程中，有一个独立测试观察员来监控测试工作是很重要的，他将正式见证各个测试技术充分的执行集成测试及测试用例的结果。独立测试观察员可以从部门的质量保证（QA）小组的成员中选出，或者从其他开发小组或项目的成员中选出。

集成测试过程中应考虑邀请一位用户代表非正式地观看集成测试，集成测试提供了一个非常好的机会向用户代表展现系统的面貌和运行状况，同时还可以得到用户的反馈意见，并在正式验收测试之前尽量满足用户的要求。

3.3 系统测试

3.3.1 系统测试的定义

集成测试通过以后，各模块已经组装成了一个完整的软件包，这时就要进行系统测试。系统测试是指将通过集成测试的软件系统，作为计算机系统的一个重要组成部分，与计算机硬件、外部设备和某些支撑软件的系统等系统元素组合在一起所进行的测试，其目的在于通过与系统的需求定义作比较，发现软件与系统定义不符合或矛盾的地方，验证最终软件系统能否满足用户的需求。

系统测试通常是消耗测试资源最多的地方，一般可能会在一个相当长的时间段内，由独立的测试小组进行。

3.3.2 系统测试的主要测试技术

系统测试全部采用黑盒测试技术，因为这时已经不需要考虑组件模块的实现细节，而主要是根据需求分析时确定的标准检验软件是否满足功能、行为、性能和系统协调性等方面的要求。系统测试的对象不仅仅包括需要测试的软件系统，还包含软件所依赖的硬件、外部设备甚至包括某些数据、支持软件及其接口等。因此，必须将系统中的软件与各种依赖的资源结合起来，在系统实际运行环境下进行测试。系统测试应该由若干个不同测试组成，目的是充分运行系统，验证系统各部件是否都能正常工作并完成所赋予的任务。

系统测试是在 V 模型中的继单元测试、集成测试之后的第三个级别的测试，如图 3.7 所示。系统测试包括功能测试和非功能测试(如性能测试、安全性测试)。

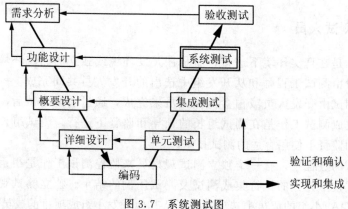

图 3.7　系统测试图

系统测试依据如下。
(1)系统和软件需求规格说明。
(2)用例。
(3)功能规格说明。
(4)风险分析报告。
典型的系统测试对象如下。
(1)系统管理手册和用户操作手册。
(2)系统功能和非功能需求。
(3)系统中使用的数据。

系统测试一般要完成以下几种测试。

(1)验证测试。

以前期的用户需求规格说明书的内容为依据，验证系统是否准确无误地实现了需求中的全部内容。

(2)功能测试。

通过对系统进行黑盒测试，测试系统的输入、处理、输出等方面是否满足需求。测试主要包括需求规格定义的功能系统是否都已实现、各功能项的组合功能的实现情况、业务功能间存在的功能冲突情况等，如共享资源访问以及各子系统的工作状态变化对其他子系统的影响等。

(3)性能测试。

性能测试是检验安装在系统内的软件的运行性能。虽然从单元测试起，每一个测试过程都包含性能测试，但是只有当系统真正集成之后，在真实环境中才能全面、可靠地测试软件的运行性能。这种测试有时需与强度测试结合起来进行，主要测试系统的数据精确度、时间特性，如响应时间、更新处理时间、数据转换及传输时间、适应性(在操作方式、运行环境与其他软件的接口发生变化时，应具备的适应能力)是否满足设计要求。

(4)可靠性、稳定性测试。

可靠性、稳定性测试是在一定负荷的长期使用环境下，测试系统的可靠性、稳定性。

(5)兼容性测试。

兼容性测试是测试系统中软件与各种硬件设备的兼容性、与操作系统的兼容性、与支撑软件的兼容性等。若软件系统在组网环境下工作，还要测试系统软件对接入设备的支持情况，包括功能实现及群集性能等。

(6)恢复测试。

恢复测试是采取各种人工方法查找软件的错误(而不是能正常工作)，进而检验系统的恢复能力。如果系统本身能够自动地进行恢复，则应检验重新初始化、检验点设置机构数据以及重新启动是否正确。如果这一恢复需要人工干预，则应考虑平均修复时间是否在限定时间内。

(7)安全测试。

安全测试是检查系统对非法侵入行为的防范能力，就是设置一些企图突破系统范围内系统安全保密措施的测试用例，检验系统是否有安全保密的漏洞。对某些与人身、机器和环境的安全有关的软件，还需特别测试其保护措施和防护手段的有效性和可靠性。安全测试期间，测试工程师伪装成非法入侵者，采用各种方法试图突破防线。例如，想方设法截取或破译口令；专门定做软件来破坏系统的保护机制；故意导致系统失败，企图趁恢复时非法侵入；试图通过浏览非保密数据，推导所需信息等。

(8)强度测试。

强度测试是检验系统的能力最高能达到的实际限度。在强度测试中程序被强制在设计能力极限状态下运行，进而超出极限，以验证在超出临界状态下系统性能降低的危害。例如，运行每秒产生10个中断的测试用例；定量地增长数据输入率，检查超额功能的反应能力；运行需要最大存储空间(或其他资源)的测试用例；运行可能导致虚存操作系统或磁盘数据剧烈抖动的测试用例等。

(9)面向用户支持方面的测试。

面向用户支持方面的测试主要是面向软件系统最终的使用操作者的测试。这里重点突出的是在操作者角度上，测试软件系统对用户支持的情况，用户界面的规范性、友好性、可操作性以及数据的安全性等，主要包括的用户支持测试有用户手册、使用帮助、支持客户的其他产品技术手册是否正确，是否易于理解，是否人性化。

(10)用户界面测试。

用户界面测试是在确保用户界面能够通过测试入口得到相应访问的情况下，测试用户界面的风格是否满足用户要求，如界面是否美观、界面是否直观、操作是否友好、人性化、易操作性是否较好。

(11)其他限制条件的测试。

其他限制条的测试主要包括可使用性、可维护性、可移植性、故障处理能力的测试等。

3.3.3 系统测试的数据

系统测试的一个主要目标是树立软件系统将通过验收测试的信心，因此系统测试所用的数据必须尽可能地像真实数据一样精确和有代表性。因为性能测试将在系统测试时进行，因此系统测试可用的数据也必须和真实数据的大小和复杂性相当。满足上述测试数据需求的一个方法是使用真实数据。其优点是系统测试使用的数据与验收测试使用的数据相同，这将无须考虑保持系统测试和验收测试间的一致性问题，从而可以增强对测试结果的信心。在无法使用真实数据的情况下应该考虑使用真实数据的复制。复制数据的质量、精度和数据量必须尽可能地接近真实的数据。当使用真实数据或复制数据时，仍然有必要引入一些手工数据，例如，测试边界条件或错误条件时，可创建一些手工数据。在创建手工数据时，测试人员必须采用正规的设计技术，使提供的数据真实且具有代表性，确保能充分地、准确地测试软件系统。

3.3.4 系统测试人员

为了有效地进行系统测试，项目组成员主要包括以下几类。

(1)机构独立测试部门的测试人员。

(2)本项目的部分开发人员。

(3)邀请其他项目的开发人员参与系统测试。

(4)机构的质量保证人员。

系统测试由独立的测试小组在测试组长的监督下进行，测试组长负责保证在合理的质量控制和监督下使用合适的测试技术执行充分的系统测试，系统测试小组应当根据项目的特征确定测试内容。在系统测试过程中，由一位独立测试观察员来监控测试工作是很重要的，他将见证各个测试用例的结果。独立测试观察员可以从部门的质量保证(QA)小组的成员中选出，或者从其他测试小组或项目的成员中选出。系统测试过程中应考虑邀请一位用户代表非正式地观看系统测试，系统测试将提供一个非常好的机会向用户代表展现系统的面貌和运行状况，同时得到用户的反馈意见并在正式验收测试之前尽量满足用户的需求。

3.4 验收测试

3.4.1 验收测试的定义

验收测试是在软件开发结束后，用户对软件产品投入实际应用之前，进行的最后一次质量检验活动。其目的是检验开发的软件产品是否符合预期的各项要求以及用户能否接受的问题。验收测试主要是验证软件功能的正确性和需求的符合性。软件研发阶段的单元测试、集成测试、系统测试的目的是发现软件错误，将软件缺陷排除在交付客户之前，而验收测试需要客户的共同参与，是旨在确认软件是否符合需求规格的验证活动。由于它不只是检验软件某个方面的质量，而是要进行全面的质量检验，并且要判断软件是否合格。验收测试需要根据事先制订的计划，进行软件配置评审、文档审核、源代码审核、功能测试、性能测试等多方面检测。

任何一项软件工程项目，在软件开发完成、准备交付用户使用之前及在软件交付用户试运行一段时间之后，都必须对软件进行严格的测试，验收测试是软件工程项目最关键的环节，也是决定软件开发是否成功的关键。系统测试完成后，并使系统试运行了预定的时间，就应进行验收测试。验收测试应当面向客户，从客户使用和业务场景的角度出发，而不是从开发者实现的角度出发，应使用客户习惯的业务语言来描述业务逻辑，根据业务场景来组织测试，适当迎合客户的思维方式和使用习惯，便于客户的理解和认同。验收测试应尽可能在实际真实的环境下进行，确认已开发的软件能否达到验收标准，其包括对有关的文档资料的审查验收和对程序的测试验收等。如果受条件限制，也可以在模拟环境中进行测试，无论采用何种测试方式，都必须事先制订测试计划，规定要做的测试种类，并制订相应的测试步骤和具体的测试用例。对于一些关键性软件，还必须按照合同中一些特殊条款进行特殊测试，如强化测试和性能降级执行方式测试等。

验收测试是部署软件之前的最后一个测试。验收测试的目的是确保软件准备就绪，应该重点考虑软件是否满足合同规定的所有功能和性能、文档资料是否完整、人机界面和其他方面（如可移植性、兼容性、错误恢复能力和可维护性等）是否令用户满意等。验收测试的结果有两种可能，一种是功能和性能指标满足软件需求说明的要求，用户可以接受；另一种是软件不满足软件需求说明的要求，用户无法接受。项目进行到这个阶段才发现严重错误和偏差一般很难在预定的工期内修正，因此必须与用户协商，寻求一个妥善解决问题的方法。

验收测试是在 V 模型中的继单元测试、集成测试、系统测试之后的第四个级别的测试。验收测试通常以用户或用户代表为主体来进行，按照合同中预定的验收原则进行测试，这是种非常实用的测试，实质上就是用户用大量的真实数据试用软件系统。如图 3.8 所示。

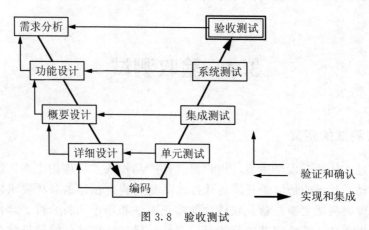

图 3.8　验收测试

3.4.2　验收测试的主要测试技术

由于验收测试主要是由用户代表来完成，是用户代表通过执行其在平常使用系统时的任务来测试软件系统，根据业务需求分析检验软件是否满足功能、行为、性能和系统协调等方面的要求，因而验收测试不需要关注软件的内部细节，验收测试完全采用黑盒测试技术。

用户代表根据用户使用该软件时的各个步骤进行测试，一直到整个运行过程结束，获得用户所期望的结果。首先，按照软件功能需求说明书上阐明的各种功能进行测试对照，并对软件运行的结果进行分析，以判断软件的功能是否满足需求。然后，对软件做可使用性能测试，也就是在测试过程中对软件的操作及反应的满意程度进行确认。此外，用户代表还将用静态测试的方法来进行软件系统文档的测试，检验用户操作指南、用户帮助机制(包括文本和在线帮助)等相关文件，以保证这些文档描述的各项内容都是正确的。

在验收测试中，测试项目的输入域要全面，既要有合法数据的输入，也要有非法数据的输入。数据包含整数、负数、小数，因此还要输入一些不同的数字验证数据的精度。在考虑测试域全面性的基础上，要划分等价类，选择有代表意义的少数用例进行测试，提高测试效率，同时还要适时利用边界值进行测试。

3.4.3　验收测试的数据

在验收测试中应该使用真实数据，当真实数据包含机密性或安全性信息，并且这些数据在局部或整个验收测试中可见时，就必须采取措施以保证以下要求。

(1)用户代表被允许使用这些数据。

(2)测试组长被允许使用这些数据，或者合理地组织测试，使测试组长不必看到这些数据也可进行测试。

(3)测试观察员被允许使用这些数据，或者能够在看不到这些数据的情况下，确认并记录测试用例的成功或失败。

在不使用真实数据的情况下应该考虑复制真实数据。复制数据的质量、精度和数据量必须尽可能地代表真实的数据。当真实数据包含机密数据时，此时就不能使用这些原始数据进行验收测试。一种解决方法是使用一份真实数据的复制，在这份复制中已经修改或删除了与机密数据有关的数据项。但是，此时必须足够谨慎，以确保替代的数据能充分地支持验收测试的数据需求，使经过处理的数据不会对验收测试的准确性产生影响。当使用真实数据的复制时，仍然有必要引入一些手工数据，例如，测试边界条件或错误条件时，可创建一些手工数据。在创建手工数据时，测试人员必须采用正规的设计技术，使提供的数据真实且具有代表性，确保能充分地测试软件系统。

3.4.4　α、β测试

事实上，软件开发设计人员在开发设计软件时，不可能完全预见用户实际使用软件系统的情况。例如，用户可能错误地理解操作命令、提供一些奇怪的数据组合、对设计者自认为非常明了的输出信息迷惑不解等。因此，软件是否真正满足最终用户的要求，应由用户进行一系列验收测试。验收测试既可以是非正式的测试，也可以是有计划、有系统的测试。有时，验收测试长达数周甚至数月，不断暴露错误，导致开发周期延长。另外，一个软件产品可能拥有众多用户，不可能每个用户都参与验收，此时多采用α、β测试，以期发现那些只有最终用户才有可能发现的问题。

α测试是在软件开发公司内模拟软件系统运行环境下的一种验收测试，即软件开发公司线上组织内部人员，模拟各类用户行为对即将面市的软件产品(称为α版本)进行测试，试图发现并修改错误。当然，α测试仍然需要用户的参与。α测试的关键在于尽可能逼真地模拟实际运行中的环境问题和用户对软件产品的操作，并尽最大努力涵盖所有可能的用户操作方式。

经过α测试调整的软件产品称为版本。紧随其后的β测试是指软件开发公司组织各方面的典型用户在日常工作中实际使用版本，并要求用户报告异常情况，提出批评意见，一般包括功能性、安全可靠性、易用性、可扩充性、兼容性、效率、资源占用率、用户文档等方面的内容。

所以，一些软件开发公司把α测试看成对一个早期的、不稳定的软件版本所进行的验收测试，把β测试看成是对一个晚期的、更加稳定的软件版本所进行的验收测试。

3.4.5　验收测试人员

验收测试一般在测试组的协助下，由用户代表执行。在一些组织中，验收测试由开发组织与最终用户组织的代表一起执行验收测试；在其他组织中，验收测试则完全由最终用户组织执行，或者由最终用户组织选择人员组成一个客观公正的小组来执行。测试组长负责保证在合理的质量控制和监督下使用合适的测试技术执行充分的测试。测试人员在验收测试工作中将协助用户代表执行测试，并和测试观察员一起向用户解释测试用例的结果。在系统测试过程中，有一个测试观察员来监控测试工作是很重要的，他将正式见证各个测试用例的结果。由于用户代表对自己领域的专业知识比较熟悉，但对于计算机技术却可能是新手。因此，测试观察员将扮演用户"保镖"的角色，以防止测试人员试图说服或强制用户代表接受测试人员所关心的结果。观察员可以从部门的质量保证(QA)小组的成员中选出，或者从其他测试小组或项目的成员中选出。

3.5　本章小结

本章主要介绍了软件测试级别。学习本章后，应当做到以下几点。

(1)理解并掌握单元测试的定义、原则、方法、数据、工具、人员等。

(2)理解并掌握集成测试的定义、原则、方法、数据、人员等。

(3)理解并掌握系统测试的定义、主要测试技术、数据、人员等。

(4)理解并掌握验收测试的定义、主要测试技术、数据、人员、α、β测试等。

第4章　测试工作过程

测试工作是一项系统工程，测试工作的过程是按照软件工程的思想进行的，可以把测试工作的过程分为需求与设计评审、测试需求分析、测试计划编写、测试用例设计、测试脚本开发、测试执行、缺陷分析及质量报告等。

4.1　需求与设计评审

开发工作和测试工作是并行开展的，当开发阶段的需求设计完成后，就可以开始评审工作。当阶段性工作完成后，一定存在各种各样的问题。软件需求分析和设计都有可能出现问题，需求是软件成功的关键之一。软件产品的需求定义本身就很困难，要把各种用户需求收集全或挖掘出来几乎是不可能。即使获得完整的用户需求，要真正理解用户的本意也有难度，准确描述这些需求也不是一件容易的事。

如果需求出了问题，对后期的设计、编码影响很大，最终会影响交付的产品。即使在后期系统测试发现问题，也需要修改设计和代码，修复成本会非常高。所以必须进行需求评审，将需求分析中的各种问题找出来。需求评审，不仅能发现需求的问题，而且能帮助大家更好地理解需求，达成一致的理解，有利于后期的设计编程、单元测试、系统测试、验收测试等工作的开展。

同样，系统设计也会存在问题，也需要评审，纠正设计问题，更好地确保系统的功能特性和非功能特性，在设计中就得充分的考虑。在这一系列测试活动中，需求评审、设计评审都属于静态测试，将测试活动延伸到系统需求和设计阶段，使测试活动贯穿于整个生命周期，更好地将质量构建在软件研发过程中。

4.1.1　软件评审的方法与技术

由于人的认识不可能百分之百地符合客观实际，因此生命周期每个阶段的工作中都可能发生错误。由于前一阶段的成果是后一阶段工作的基础，前一阶段的错误自然会导致后一阶段的工作结果中有相应的错误，而且错误会逐渐累积，越来越多。通过软件评审尽早地发现产品中的缺陷，可以减少大量的后期返工。软件评审可以从根本上提高产品的质量，降低软件开发的成本。

根据 IEEE Std1028—2008 的定义，软件评审是对软件元素或者项目状态的一种评估手段，以确定其是否与计划的结果保持一致，并使其得到改进。评审是检验工作产品是否正确地满足了以往工作产品中建立的规范，是否符合客户的需求。

评审可以分为技术评审、文档评审和管理评审等。管理评审属于质量保证和管理范畴，而不属于软件测试范畴，所以下面所讨论的软件评审仅限于技术评审和文档评审。

(1)技术评审是对产品以及各阶段性成果进行技术性评估，侧重在技术实现上。技术评审旨在揭示软件需求、架构、逻辑、功能和算法上的各种错误，以保证需求规格说明书、设计文档等没有技术问题，而且相互之间保持一致，能正确地开发出软件产品。在技术评审时，注意技术的共享和延续性。

(2)文档评审是对软件开发过程中所存在的各类文档的格式、内容等进行评审，检查文档格式是否符合标准、是否符合已有的模板，审查其内容是否前后一致、逻辑是否清晰、描述是否清晰等。在软件开发过程中，需要被评审的文档很多，如市场需求说明书、功能设计规格说明书、测试用例等。

软件评审的方法有很多，有正式的，也有非正式的。最不正式的一种评审方法可能是临时评审，最正式的为会议评审。接下来，就会议评审进行说明。会议评审需要很好的策划、准备和组织。在举行会议评审之前，首先，做好计划，包括确定被评审的对象、期望达到的评审目标和计划选用的评审方法；其次，为评审计划的实施做好充分准备，包括选择参加评审的合适人员、协商和安排评审的时间，以及收集和发放所需的相关资料；接着，进入关键阶段，召开会议进行集体评审，确定所存在的问题；最后，跟踪这些问题直至所有问题被解决。评审会议过程可以分为五个方面。

1. 会议准备

在会议评审准备过程中，第一件事就是确定评审组长。评审组长需要和作者一起，策划和组织整个评审活动，评审组长发挥关键的作用。有数据表明，一个优秀的评审组长所领导的评审组比其他评审组平均每千行代码多发现 20%～30% 的缺陷。所以要选择经验丰富、技术能力强、工作认真负责的人来担任评审组长，但为了保证评审的公平、公正，通常选派的评审组长不能和作者有密切关系，以避免评审组长不能保持客观性。会计评审的准备工作如下。

(1)选定评审材料。由于时间的限制，不可能对所有交付的产品和文档都进行评审，因此需要确定哪些内容是必须评审的，如复杂、风险大的材料。

(2)将评审材料汇成一个评审包。在会议评审开始前分发给评审小组的成员，使小组成员在会议之前阅读、理解这些材料，并记录下阅读过程中发现的问题或想在会议上询问的问题。

(3)制定相应的活动进度表。提前 2～3 天通知小组成员会议的时间、地点和相关事项。评审会议是评审活动的核心，所有与会者都需要仔细检查评审内容，提出可能的缺陷和问题。

2. 召开会议

会议开始时，需要简要说明待审查的内容，重申会议目标。会议的目标是发现可能存在的缺陷和问题，会议应该围绕着这个中心进行，而不应该陷入无休止的讨论之中。然后，较详细说明评审材料，了解所有评审员对材料是否有一致的理解。如果理解不一致，就比较容易发现被评审材料中存在的异义性、遗漏或者某种不合适的假设，从而发现材料中的缺陷。所有发现的缺陷和问题应该被清楚地记录下来，在会议结束前，记录员需要向小组重述记录的缺陷，以保证所有问题都被正确记录。

3. 评审决议

在会议最后，评审小组就评审内容进行最后讨论，形成评审结论。评审结论可以是接受(通过)、有条件接受(需要修订其中的一些小缺陷后通过)、不能接受和评审未完成(继续评审)。评审会议结束之后，评审小组提交相应的评审成果，如问题列表、会议记录、评审报告或评审决议、签名表等。

4. 问题跟踪

会议结束，并不意味着评审已经结束了。因为评审会议上发现的问题，需要进行修正，评审组长或协调人员要对修订情况进行跟踪，验证作者是否恰当地解决了评审会上所列出的问题，并决定是否需要再次召开评审会议。对于评审结果是"有条件接受"的情况时，作者也需要对产品进行修改，并将修改后的产品发给所有的评审组成员，获得确认。所有问题被解决，修正工作得到确认，评审才算结束。

5. 评审注意事项

评审工作应注意的事项如下。
(1)明确自己的角色和责任。
(2)熟悉评审内容，为评审做好准备，做细做到位。
(3)在评审会上关注问题，针对问题阐述观点，而不是针对个人。
(4)可以分别讨论主要的问题和次要的问题。
(5)在会议前或者会议后可以就存在的问题提出自己的建设性意见。
(6)提高自己的沟通能力，采取适当的、灵活的表述方式。

4.1.2 需求评审

根据前面的讨论，产品需求评审是对需求文档的检查，也是软件测试最重要的活动之一。需求评审的结果关系到软件研发的后续工作和软件产品的质量。通过需求评审，可以发现需求定义文档中存在的问题，包括违背用户意愿的定义、有歧义的描述、前后内容不一致的问题、需求遗漏、需求定义逻辑混乱等。针对需求的评审，不仅要了解需求评审的重要性，而且要根据不同的需求描述格式来采用相适应的标准和方法。在需求定义文档中潜在的一个问题，看似不大，但随着产品开发工作的不断推进，经过很多环节之后，小错误会不断扩大，问题可能会变得严重，也会为此付出巨大的代价。而且，缺陷在前期发现得越多，对后期的影响越小，后期的缺陷就会发生得越少，最终留给用户的缺陷就很少。如果没有需求评审，那么在测试执行阶段只能发现主要的缺陷，不少缺陷在产品发布之后才能发现，产品质量明显下降，例如，在需求定义阶段犯一个错误，将一个功能定义得不合理，然后设计和编程都按照需求定义去实现了这个功能，要等到测试阶段或发布到用户那里才发现不对。问题发现得越晚，要重做的事情就会越多，返工量就越大。也就是说，缺陷发现或解决得越晚，其带来的成本就越大。

Boehm 在《软件工程经济》一书中断言：平均而言，如果在需求阶段修正一个错误的代价是 1，那么在设计阶段发现并修正该错误的代价会变为原来的 3～6 倍，在编程阶段才发现该误的代价是 10 倍，在测试阶段则会变为 20～50 倍，而到了产品发布时，这个数字就可能会高达 40～100 倍。修正错误的代价几乎是呈指数级增长的。

4.1.3　设计评审

一般可以将软件设计分为体系结构设计（Architecture Design）和详细设计（Detailed Design）两个阶段。体系结构设计是将软件需求转化为数据结构和软件的系统结构，并定义子系统（组件）和它们之间的通信或接口。详细设计可以进一步分为功能详细设计、组件设计、数据库设计、用户界面（UI）设计等。设计评审时，先从系统架构、整体功能结构上开始审查系统的非功能特性（可靠性、安全性、性能、可测试性等）是否得到完美实现，然后深入功能组件、操作逻辑和用户界面设计等方面的细节审查，力求发现任何不合理的设计以及设计缺陷，尽早地使设计上的问题得到及时纠正。

4.2　测试计划的编写

4.2.1　编写测试计划的目的

在人们日常的工作和生活中，经常需要做计划。古人云："凡事预则立，不预则废。"也就是强调预先计划的重要性和必要性。在做项目时，需要制订项目计划；测试作为项目中的一部分，当然也需要制订测试计划。

制订测试计划，要达到的目标如下。

（1）为测试各项活动制订一个现实可行的、综合性的计划，包括每项测试活动的对象、范围、方法、进度和预期结果。

（2）为项目实施建立一个组织模型，并定义测试项目中每个角色的责任和工作内容。

（3）开发有效的测试模型，能正确地验证正在开发的软件系统。

（4）确定测试所需要的时间和资源，以保证其可获得性、有效性。

（5）确立每个测试阶段测试完成以及测试成功的标准、要实现的目标。

（6）识别出测试活动中各种风险，并消除可能存在的风险，降低由不可能消除的风险所带来的损失。

4.2.2　编写测试计划

（1）编写测试计划的目的。

①负责人能够根据测试计划做宏观调控，进行相应资源配置等。

②测试人员能够了解整个项目测试情况以及项目测试不同阶段所要进行的工作等。

③便于其他人员了解测试人员的工作内容，进行有关配合工作。

(2)编写测试计划的时间。

确定需求分析后，在准备开始系统设计时，即可同步进行测试计划的编写。

(3)编写测试计划的人员。

具有丰富经验的项目测试负责人。

(4)测试计划编写6要素(5W1H)。

①why——为什么要进行这些测试。

②what——测试哪些方面，不同阶段的工作内容。

③when——测试不同阶段的起止时间。

④where——相应文档、缺陷的存放位置、测试环境等。

⑤who——项目有关人员组成，安排哪些测试人员进行测试。

⑥how——如何去做，使用哪些测试工具以及测试方法进行测试。

4.2.3 编写测试计划的注意事项

编写测试计划的注意事项如下。

(1)测试计划不一定要尽善尽美，但一定要切合实际，要根据项目特点、公司实际情况来编制，不能脱离实际情况。

(2)测试计划如果制订完成，并不是一成不变的，软件需求、软件开发、人员流动等都在时刻发生着变化，测试计划也要根据实际情况的变化而不断进行调整，以满足实际测试要求。

(3)测试计划要能从宏观上反映项目的测试任务、测试阶段、资源需求等，不一定要太过详细。

4.3 测试用例设计

4.3.1 测试用例的定义

测试用例(Test Case)是可以被独立执行的一个过程，是一个最小的测试实体，不能再被分解。测试用例也就是为了某个测试点而设计的测试操作过程的序列、条件、期望结果及其相关数据的一个特定的集合。

4.3.2 设计用例的目的

如何以最少的人力、资源投入，在最短的时间内完成测试，发现软件系统的缺陷，保证软件的优良品质，是软件公司探索和追求的目标。

测试用例是测试工作的指导，是软件测试必须遵守的准则，更是软件测试质量稳定的根本保障。软件测试是有组织性、步骤性和计划性的，为了能将软件测试的行为转换为可管理的、具体量化的模式，需要创建和维护测试用例。

测试用例的作用主要体现在以下几个方面。

(1)有数性。在测试时，不可能进行穷举测试，从数量极大的可用测试数据中精心挑选出具有代表性或特殊性的测试数据来进行测试，可有效地节省时间和资源、提高测试效率。

(2)避免测试的盲目性。在开始实施测试之前设计好测试用例，可以避免测试的盲目性，并使软件测试的实施重点突出、目的明确。

(3)可维护性。在软件版本进行更新后只需修正少部分的测试用例便可开展测试工作，降低工作强度，缩短项目周期。

(4)可复用性。功能模块的通用化和复用化使软件易于开发，而良好的测试用例具有重复使用的性能，使测试过程事半功倍，并随着测试用例的不断精细化，使测试效率也不断提高。

(5)可评估性。测试用例的通过率是检验程序代码质量的标准，也就是说，程序代码质量的标准化应该用测试用例的通过率和测试出软件缺陷的数目来进行评估。

(6)可管理性。测试用例是测试人员在测试过程中的重要参考依据，也可以作为检验测试工作量以及测试人员工作效率的参考因素，可用于对测试工作进行有效的管理。

4.3.3 设计用例的操作

在设计测试用例时，除了需要遵守基本的测试用例编写规范外，还需要遵循一些基本的原则。

1. 避免含糊的测试用例

含糊的测试用例会给测试过程带来困难，甚至会影响测试的结果。在测试过程中，测试用例的状态是唯一的，一般测试用下列分为通过、未通过、未进行测试三种状态。

如果测试未通过，一般会有对应的缺陷报告与之关联；如未进行测试，则需要说明原因(测试用例条件不具备、缺乏测试环境或测试用例目前已不适用等)。因此，准确的测试用例不会使测试人员在进行测试过程中出现模棱两可的情况，对一个具体的测试用例不会有"部分通过，部分未通过"的结果。如果按照某个测试用例的描述进行操作，不能找到软件的缺陷，但软件实际存在和这个测试用例相关的错误，则这样的测试用例是不合格的，将给测试人员的判断带来困难，也不利于测试过程的跟踪。

2. 将具有相似功能的测试用例抽象并归类

软件测试过程是无法穷举测试的，因此对类似的测试用例的抽象过程显得尤为重要，一个好的测试用例应该能代表一组同类的数据或相似的数据处理逻辑过程。

3. 避免冗长和复杂的测试用例

避免冗长和复杂的测试用例的主要目的是保证验证结果的唯一性，即与第一条原则相一致，为了在测试执行过程中，确保测试用例输出状态的唯一性，从而便于跟踪和管理。在一些冗长和复杂的测试用例设计过程中，需要对测试用例进行合理的分解，从而保证测试用例的准确性。当测试用例包含很多不同类型的输入或者输出，或者测试过程的逻辑复杂而不连续时，则需要对测试用例进行分解。

4.3.4 设计用例的常见方法

在设计用例时，需要用到不同的方法，一般常见的方法包括以下几种。

1. 等价类划分方法

等价类划分方法是把所有可能的输入数据，即程序的输入域划分成若干等价类(子集)，然后从每一个子集中选取少数具有代表性的数据作为测试用例进行合理的分类。该方法是一种重要的，常用的黑盒测试用例设计方法。

等价类是指某个输入域的子集合。在该子集合中，各个输入数据对于揭露程序中的错误都是等效的。并合理地假定：测试某等价类的代表值就等于对这一类其他值的测试。因此，可以把全部输入数据合理划分为若干等价类，在每一个等价类中取一个数据作为测试的输入条件，就可以用少量代表性的测试数据。取得较好的测试结果。等价类可划分为两种不同的情况：有效等价类和无效等价类。

(1)有效等价类。有效等价类是指对于程序的规格说明来说是合理的、有意义的输入数据构成的集合。利用有效等价类可检验程序是否实现了规格说明中所规定的功能和性能。

(2)无效等价类。与有效等价类相反。即不满足程序输入要求或者无效的输入数据构成的集合。

设计测试用例时，要同时考虑这两种等价类。因为，软件不仅要能接收合理的数据，也要能经受意外的考验，这样测试才能确保软件具有更高的可靠性。

确定等价类有以下六条原则。

(1)在输入条件规定了取值范围或值的个数的情况下，则可以确立一个有效等价类和两个无效等价类。

(2)在输入条件规定了输入值的集合或者规定了必须执行条件的情况下，可确立一个有效等价类和一个无效等价类。

(3)在输入条件是一个布尔量的情况下，可确定一个有效等价类和一个无效等价类。

(4)在规定了输入数据的一组值(假定 n 个)，并且程序要对每一个输入值分别处理的情况下，可确立 n 个有效等价类和一个无效等价类。

(5)在规定了输入数据必须遵守的规则的情况下，可确定一个有效等价类(符合规则)和若干个无效等价类(从不同角度违反规则)。

(6)在确认已划分的等价类中各元素在程序处理中的方式不同的情况下，则应再将该等价类进一步的划分为更小的等价类。

在确立了等价类后，可建立等价类表，列出所有划分出的等价类。

对划分出的等价类可以按以下原则设计测试用例。

(1)为每一个等价类规定一个唯一的编号。

(2)设计一个新的测试用例，使其尽可能多地覆盖尚未被覆盖的有效等价类，重复这一步骤。直到所有的有效等价类都被覆盖为止。

(3)设计一个新的测试用例，使其仅覆盖一个尚未被覆盖的无效等价类，重复这一步骤，直到所有的无效等价类都被覆盖为止。

2. 边界值分析方法

边界值分析方法是对等价类划分方法的补充。从长期的测试工作经验可知，大量的错误是发生在输入或输出范围的边界上，而不是发生在输入或输出范围的内部。因此针对各种边界情况设计测试用例，可以查出更多的错误。

使用边界值分析方法设计测试用例，首先应该确定边界情况。通常输入和输出等价类的边界，应着重测试的边界情况。应当选取正好等于、刚刚大于或刚刚小于边界的值作为测试数据，而不是选取等价类中的典型值或任意值作为测试数据。

基于边界值分析方法选择测试用例的原则如下。

(1)如果输入条件规定了值的范围，则应取等于这个范围边界的值，以及刚刚大于这个范围边界的值作为测试输入数据。

(2)如果输入条件规定了值的个数，则用最大个数、最小个数、比最小个数少一、比最大个数多一的数作为测试数据。

(3)根据规格说明的每个输出条件，使用原则(1)。

(4)根据规格说明的每个输出条件，使用原则(2)。

(5)如果程序的规格说明给出的输入域或输出域是有序集合，则应选取集合的第一个元素和最后一个元素作为测试用例。

(6)如果程序中使用了一个内部数据结构，则应当选择这个内部数据结构的边界上的值作为测试用例。

(7)分析规格说明，找出其他可能的边界条件。

3. 错误推测方法

错误推测法是基于经验和直觉推测程序中所有可能存在的错误，从而有针对性的设计测试用例的方法。

错误推测方法的基本思想为列举出程序中所有可能有的错误和容易发生错误的特殊情况，根据他们选择测试用例。例如，在单元测试时曾列出许多在模块中常见的错误、以前产品测试中曾经发现的错误等，这些都是经验的总结。还有，输入数据和输出数据为0。输入表格为空格或输入表格只有一行，这些都是容易发生错误的情况。可选择此情况下的例子作为测试用例。

4. 因果图方法

等价类划分方法和边界值分析方法都是着重考虑输入条件，但未考虑输入条件之间的联系、相互组合等。考虑输入条件之间的相互组合，可能会产生一些新的情况，要检查输入条件的组合不是一件容易的事情，即使把所有输入条件划分成等价类，他们之间的组合情况也相当多。因此必须考虑采用一种适合于描述多种条件的组合，相应产生多个动作的形式来考虑设计测试用例，这就需要利用因果图(逻辑模型)。

因果图方法最终生成的是判定表，它适合于检查程序输入条件的各种组合情况。

利用因果图生成测试用例的基本步骤如下。

(1)分析软件规格说明描述中,哪些是原因(即输入条件或输入条件的等价类),哪些是结果(即输出条件),并给每个原因和结果赋予一个标识符。

(2)分析软件规格说明描述中的语义。找出原因与结果之间、原因与原因之间对应的关系,根据这些关系,画出因果图。

(3)由于语法或环境限制,有些原因与原因之间、原因与结果之间的组合情况不可能出现。为表明这些特殊情况,在因果图上用一些符号表明约束或限制条件。

(4)将因果图转换为判定表。

(5)将判定表的每一列拿出来作为依据,设计测试用例。

从因果图生成的测试用例(局部,组合关系下的)包括了所有输入数据的取 TRUE 与取 FALSE 的情况,构成的测试用例数目达到最少,且测试用例数目随输入数据数目的增加而线性地增加。

判定表(Decision Table)是分析和表达多逻辑条件下执行不同操作的工具。在程序设计发展的初期,判定表就已被作为编写程序的辅助工具了。因为它可以把复杂的逻辑关系和多种条件组合的情况表达得既具体又明确。

5. 判定表驱动分析方法

判定表驱动分析方法通常由四个部分组成,具体如下。

(1)条件桩(Condition Stub)。列出了问题的所有条件,即条件桩。通常认为列出的条件的次序无关紧要。

(2)动作桩(Action Stub)。列出了问题规定可能采取的操作,即动作桩。这些操作的排列顺序没有约束。

(3)条件项(Condition Entry)。列出针对它左列条件的取值,即条件项。在所有可能情况下的真假值。

(4)动作项(Action Entry)。动作项是列出在条件项的各种取值情况下应该采取的动作。

(5)规则。规则是任何一个条件组合的特定取值及其相应要执行的操作。在判定表中贯穿条件项和动作项的一列就是一条规则。显然,判定表中列出多少组条件取值,也就有多少条规则,即条件项和动作项有多少列。

判定表驱动分析法建立的步骤如下。(根据软件规格说明)

(1)确定规则的个数。假如有 n 个条件,每个条件有两个取值(0,1),故有五种规则。

(2)列出所有的条件桩和动作桩。

(3)填入条件项。

(4)填入动作项,等到初始判定表。

(5)简化。合并相似规则(相同动作)。

使用判定表设计测试用例的条件如下。

(1)规格说明以判定表形式给出,或很容易转换成判定表。

(2)条件的排列顺序不会也不影响执行的操作。

(3)规则的排列顺序不会也不影响执行的操作。

(4)每当某一规则的条件已经满足，并确定要执行的操作后，不必检验别的规则。

(5)如果某一规则得到满足要执行多个操作，这些操作的执行顺序无关紧要。

6. 正交试验设计方法

在测试应用系统过程中，有时输入条件的因素很多，而且无法用 YES 或者 NO 来回答。因此测试人员就需要用更好的方法来解决这些问题。例如，对于演示文稿(PowerPoint)程序的打印测试，需要考虑的因素就很多，每个因素又有多个选项，测试组合会非常的多，测试工作量也随之会增加，具体分析如下。

(1)页码范围。全部、当前幻灯片、选定幻灯片。

(2)打印内容。幻灯片、讲义、备注页、大纲视图。

(3)打印效果。幻灯片加框、幻灯片不加框。

(4)打印颜色。彩色、灰度、黑白。

因此，引入正交试验设计方法。正交试验设计(Orthogonal experimental design)是研究多因素多水平的又一种设计方法，它是根据正交性从全面试验中挑选出部分有代表性的点进行试验，这些有代表性的点具备了"均匀分散，齐整可比"的特点，正交试验设计是分式设计的主要方法，是一种高效率、快速、经济的试验设计方法。日本著名的统计学家田口玄一将正交试验选择的水平组合列成表格，称为正交表。

正交试验设计法就是使用已经制作好的表格——正交表——来安排试验并进行数据分析的一种方法。它简单易行，计算表格化，使用者能够迅速掌握。下面通过一个例子来说明正交试验设计法的基本思想。

假设某工厂为提高某化工产品的转化率，选择了反应温度(A)，反应时间(B)，用碱量(C)进行条件试验，并确定了它们的试验范围。

A：60～80℃   B：30～1120 分钟   C：6％～8％

试验目的是搞清楚因子 A、B、C 对转化率的影响，哪些是主要的，哪些是次要的，从而确定最佳生产条件，即温度、时间及用碱量各为多少才能使转化率最高。试制订试验方案。

这里，对因子 A、B、C，在试验范围内选了三个水平。

A：$A1=60℃$，$A2=70℃$，$A3=80℃$

B：$B1=30$ 分，$B2=60$ 分，$B3=120$ 分

C：$C1=6％$，$C2=7％$，$C3=8％$

在正交试验设计中，因子可以是定量的，也可以是定性的。而定量因子各水平间的距离可以相等，也可以不相等。

这三个因子在三个水平的条件试验，通常有两种试验方法。

(1)取三个因子所有水平之间的组合，即 A1B1C1，A1B1C2，A1B2C1……A3B3C3，共有 $3^3=27$ 次试验。立方体有 27 个节点，如图 4.1 所示，这种试验方法叫作全面试验法。

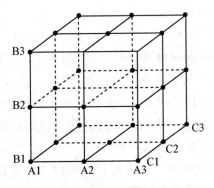

图 4.1 3^3 正交图

全面试验对各因子与指标之间的关系剖析得比较清楚，但试验次数太多，特别是当因子数量多，每个因子的水平数量也多时，试验量大得惊人。如选五个因子，每个因子取四个水平值时，如要做全面试验，则需 4^5＝1024 次试验，这样测试数据将非常多。如果使用正交试验法，需要测试的数量就会少很多。

(2)简单对比法，即变化一个因素而固定其他因素，如首先固定 B、C 于 B1、C1，使 A 变化之。

    ↗A1

B1C1→A2

    ↘A3(好结果)

如得出结果 A3 最好，则固定 A 于 A3，C 还是 C1，使 B 变化之：

    ↗B1

A3C1→B2(好结果)

    ↘B3

得出结果以 B2 为最好，则固定 B 于 B2，A 于 A3，使 C 变化之：

    ↗C1

A3B2→C2(好结果)

    ↘C3

试验结果以 C2 为最好。于是就认为最好的工艺条件是 A3B2C2。

这种方法一般也有一定的效果，但缺点很多。首先这种方法的选点代表性很差，如按上述方法进行试验，试验点完全分布在一个角上，而在一个很大的范围内没有选点。因此这种试验方法不全面，所选的工艺条件 A3B2C2 不一定是 27 个组合中最好的。其次，用这种方法比较条件好坏时，是把单个的试验数据用来进行数值上的简单比较，而试验数据中必然包含着误差成分，所以单个数据的简单比较不能剔除误差的干扰，必然造成结论的不稳定。

考虑兼顾这两种试验方法的优点，从全面试验的点中选择具有典型性、代表性的点，使试验点在试验范围内分布的很均匀，就能反映全面情况。但在试验中又希望试验点尽量地少，为此还要具体考虑一些问题。

如上例，对应于 A 有 A1、A2、A3 三个平面，对应于 B、C 也各有三个平面，共九个平面。则这九个平面上的试验点应当一样多，即对每个因子的每个水平都要同等看待。具体来说，每个平面上都有三行、三列，要求在每行、每列上的点一样多。这样将画出如图 4.1 所示的设计，试验点用⊙表示。由此可见在 9 个平面中每个平面上都恰好有三个点，而每个平面的每行每列都有一个点，而且只有一个点，共有九个点。这样的试验方案，试验点的分布很均匀，试验次数也不多。

当因子数和水平数都不太大时，尚可通过作图的方法来选择分布很均匀的试验点。但是因子数和水平数多了，作图的方法就不行了。

试验工作者在长期的工作中总结出一套方法，创造出所谓的正交表。按照正交表来安排试验，既能使试验点分布得很均匀，又能减少试验次数，而且计算分析简单，能够清晰地阐明试验条件与指标之间的关系。用正交表来安排试验及分析试验结果，称为正交试验设计法。

4.3.5　测试用例设计模板

1. 功能测试用例

功能测试用例对测试对象的功能测试时，应侧重于所有可直接追踪到用例或业务功能和业务规则的测试需求。这种测试的目标是核实数据的接受、处理和检索是否正确，以及业务规则的实施是否恰当。主要测试技术方法为用户通过 GUI(图形用户界面)与应用程序交互，对交互的输出或接受进行分析，以此来核实需求功能与实现功能是否一致。功能测试的详细模板如表 4.1 所示。

表 4-1　功能测试的详细模板

用例标识	×××-×××-××××		项目名称		××××	
开发人员			模块名称		××××	
用例作者			参考信息		××××.××	
测试类型	功能测试		设计日期			测试人员
测试方法	黑盒		测试日期			
用例描述						
前置条件						
编号	权限 (并列关系)	测试项	测试类别	描述/输入/操作	期望结果	真实结果	备注

续表

00001	无	列表页面	导航栏	导航测试	浏览\点击导航连接	详细正确导航页面所在位置		
00002			添加删除修改按钮		添加修改删除按钮是否可用	不可用		
00003			接受、汇报按钮		(1)不是自己负责的数据未考核之前能否接受和汇报	不能		
					(2)属于自己负责的数据未接受之前是否可以接受	能		
					(3)属于自己负责的数据接受后但未考核能否可以汇报	能		
					(4)接受后的数据没有汇报但考核了，是否仍可以汇报	不能		
00004			考核审核按钮		这两个按钮是否可用	这两个按钮为置灰，不可用		
00005			二级联动下拉列表	功能测试	下拉列表选择	(1)默认为"本月由我负责的工作"，此时第2个下拉列表不显示员工名字		
						(2)当选择项非"……由我负责的工作"时第2个下拉列表正确显示员工名字		
						(3)发生和服务器交互时其他项显示正确		
00007			分页控件	功能测试	(1)单击"首页、上一页、下一页、尾页" (2)页数下拉列表和跳转按钮	(1)能正确分页、翻页 (2)能选择页数和正确跳转 (3)对数据操作(增删改)后正确显示		
00009			界面UI	UI测试		页面没有错别字，和整体风格一致，布局合理		

2. 性能测试用例

性能测试是一种对响应时间、事务处理速率和其他与时间相关的需求进行测试和评估。性能测试的目标是核实性能需求是否都已满足，通常系统在设计前会提出一些性能指标，这些指标是性能测试要完成的首要工作，针对每个指标都要设计多个测试用例来验证是否达到要求，根据测试结果来改进系统的性能。预期性能指标通常以单用户为主。性能测试用例的详细模板如表 4.2 所示。

表 4.2　性能测试的详细模板

测试目的			
前置条件			
测试需求	测试过程说明	期望的性能（平均值）	实际性能（平均值）
功能 1	场景 1		
	场景 2		
	场景 3		
备注：			

用户并发测试是性能测试最主要的部分，主要是通过增加用户数量来加重系统负担，以检验测试对象能接收的最大用户数量来确定功能是否达到要求。用户并发测试用例的详细模板如表 4.3 所示。

表 4.3　用户并发测试用例的详细模板

测试目的				
前提条件				
测试需求	输入（并发用户数）	用户通过率	期望性能（平均值）	实际性能（平均值）
功能 1	50			
	100			
	200			
功能 2	50			
	100			
	200			
备注：				

大数据量测试是测试对象处理大量的数据，以确定是否达到了使软件发生故障的极

限。大数据量测试还将确定测试对象在给定时间内能够持续处理的最大负载或工作量。大数据量测试用例的详细模板如表 4.4 所示。

表 4.4 大数据量测试用例的详细模板

测试目的				
前提条件				
测试需求	输入（最大数据量）	事务成功率	期望性能（平均值）	实际性能（平均值）
功能 1	第 10000 条记录			
	第 15000 条记录			
	第 20000 条记录			
功能 2	第 10000 条记录			
	第 15000 条记录			
	第 20000 条记录			
备注：				

强度测试也是性能测试中的一种，实施和执行此类测试的目的是找出因资源不足或资源争用而导致的错误。如果内存或磁盘空间不足，测试对象就可能会表现出一些在正常条件下并不明显的缺陷，而其他缺陷则可能由于争用共享资源（如数据库锁或网络带宽）而造成。强度测试还可用于确定测试对象能够处理的最大工作量。疲劳强度测试用例的详细模板如表 4.5 所示。

表 4.5 疲劳强度测试用例的详细模板

测试目的			
测试说明			
前提条件	连续运行 8 小时，设置添加 10 用户并发		
测试需求	输入/动作	输出/响应	是否正常运行
功能 1	2 小时		
	4 小时		
	6 小时		
	8 小时		
功能 1	2 小时		
	4 小时		
	6 小时		
	8 小时		

负载测试也是性能测试中的一种。在这种测试中，将使测试对象承担不同的工作量，以评估测试对象在不同工作量条件下的性能行为，以及持续正常运行的能力。负载测试的目标是确定并确保系统在超出最大预期工作量的情况下仍能正常运行。此外，负载测

试还要评估性能特征，例如，响应时间、事务处理速率和其他与时间相关的方面。负载测试测试用例的详细模板如表 4.6 所示。

表 4.6　负载测试测试用例的详细模板

测试目的			
前提条件			
测试需求	输入	期望输出	是否正常运行
备注			

3. 兼容性测试用例

在大多数生产环境中，客户机工作站、网络连接和数据库服务器的具体硬件规格会有所不同。客户机工作站可能会安装不同的软件。例如，应用程序、驱动程序等，而且在任何时候，都可能运行许多不同的软件组合，从而占用不同的资源。兼容性测试用例的详细模板如表 4.7 所示。

表 4.7　兼容性测试用例的详细模板

测试目的					
配置说明	操作系统	系统软件	外设	应用软件	结果
服务器	Windows 2003				
	Windows 2010				
	Windows 7				
	Windows 10				
客户端	Windows 2003				
	Windows 2010				
	Windows 7				
	Windows 10				
数据库服务器	Windows 2003				
	Windows 2010				
	Windows 7				
	Windows 10				

续表

测试目的					
浏览器	IE				
	Google Chrome				
	FireFox				
	360				
	其他				
备注					

4.4 测试脚本开发

4.4.1 测试脚本的定义

测试脚本一般指的是一个特定测试的一系列指令，这些指令可以被自动化测试工具执行。为了提高测试脚本的可维护性和可复用性，必须在执行测试脚本之前对它们进行构建。测试脚本可以被创建（记录）或使用测试自动化工具自动生成，或用编程语言编程来完成，也可综合前三种方法来完成。

4.4.2 测试脚本分类

自动化测试项目也像普通的软件开发项目一样，有编码阶段，自动化测试的编码阶段主要是编写测试脚本实现所设计的自动化测试用例。自动化功能测试脚本的开发方法主要有以下几种。

（1）线性脚本。

线性脚本是录制手工执行的测试实例得到的脚本。这种脚本包括所有的击键、功能键、箭头、控制测试软件的控制键及输入数据的数字键。线性脚本的编写方法是使用简单的录制回放的方法，测试工程师使用这种方法来自动化地测试系统的流程或某些系统测试用例。它可能包含某些多余的、有时并不需要的函数脚本。

（2）结构化脚本。

结构化脚本类似于结构化程序设计，结构化脚本中含有控制脚本设计的指令。这些指令或为控制结构或为调用结构。结构化脚本编写方法在脚本中使用结构控制。结构控制可以使测试人员控制测试脚本，或测试用例的流程。在脚本中，典型的结构控制是使用"if-else""switch""for""while"等条件状态语句来帮助实现判定、实现某些循环任务、调用其他覆盖普遍功能的函数。

（3）共享脚本。

脚本可能被多个测试用例使用。共享脚本编写方法是把代表应用程序行为的脚本在其他脚本之间共享。这意味着把被测应用程序的公共的、普遍的、功能的测试脚本独立出来，其他脚本对其进行调用。这使某些脚本按照普遍功能划分来标准化、组件化。这种脚本甚至也可以使用在被测系统之外的其他软件应用系统。

(4)数据驱动脚本技术。

数据驱动脚本技术将测试输入存储在独立的文件中，而不是存储在脚本中。数据驱动脚本的编写方法是把数据从脚本分离出去，存储在外部的文件中。这样，脚本就只包含编程代码。这在测试运行时要改变数据的情况下是需要的。因此脚本在测试数据改变时不需要修改代码。有时测试的期待结果值也可以跟测试输入数据一起存储在数据文件中。

(5)关键字驱动脚本。

关键字驱动脚本的编写方法是把检查点和执行操作的控制都维护在外部数据文件。因此，测试数据和测试的操作序列控制都是在外部文件中设计好的，除了常规的脚本外，还需要额外的库来翻译数据。关键字驱动脚本编写方法是数据驱动测试方法的扩展。

总结起来看，对于开发的成本来说，随着脚本编写方法从线性到关键字驱动的改变而不断地增加；对于维护成本来说，随着脚本编写方法从线性到关键字驱动的改变而在下降。对于编程技能要求来说，随着脚本编写方法从线性到关键字驱动的改变，对一个测试员的编程熟练程度的要求在增加；对于设计和管理的需求来说，随着脚本编写方法从线性到关键字驱动的改变，设计和管理自动化测试项目的要求在增加。因此，应该合理地选择自动化测试脚本开发方法，在适当时使用适当的脚本开发方法。

4.5 测试执行

4.5.1 测试执行的定义

测试执行是指依据测试用例，运行测试系统的过程。在工作中，测试执行一般会经历多轮次(两到三轮)，也就是将完整的用例，执行一遍之后，又重新回来再执行一遍。在测试执行过程中，测试人员的工作主要是运行程序，按照规范化的要求来运行，同时记录测试结果，并且努力发现缺陷。缺陷就是实际结果与预期结果不一致的实现。一般测试执行的时间约等于测试用例设计的时间，如果一个测试周期是一个月，那么执行的时间一般是两周。

4.5.2 测试执行的过程

测试执行在实际工作过程中一般指测试用例编写完成、测试数据准备完成、测试环境搭建完毕。以上几点完成之后，具体测试执行阶段要做的工作如下。

(1)根据测试方案和测试策略、计划进行软件的功能测试，执行测试用例。

(2)记录并分析测试结果。

(3)讨论确认发现的问题。

(4)测试总结报告。

4.6 缺陷分析和质量报告

执行测试后，需要进行测试缺陷分析，并编写质量报告。如同代码是程序员的主要成果之一，测试报告和质量报告是测试人员的主要成果之一。一个好的测试报告，是建立在正确的、充足的测试结果的基础上，不仅要提供必要的测试结果的实际数据，同时还要对结果进行分析，发现产品中问题的本质，对产品质量进行准确的评估。

4.6.1 缺陷分析

对缺陷进行分析，确定测试是否达到结束的标准，也就是判定测试是否已达到用户可接受的状态。在评估缺陷时应遵照缺陷分析策略中制订的分析标准，最常用的缺陷分析方法包括如下几种。

(1)缺陷分布报告。

缺陷分布报告允许将缺陷计数作为一个或多个缺陷参数的函数来显示，生成缺陷数量与缺陷属性的函数，如缺陷在程序模块的横向分布、严重性缺陷在不同的产生原因上的分布等。

(2)缺陷趋势报告。

缺陷趋势报告是按各种状态将缺陷计数作为时间的函数显示，如缺陷数量在整个测试周期的时间分布。趋势报告可以是累计的，也可以是非累计的，可以看出缺陷增长和减少的趋势，如图4.2所示。

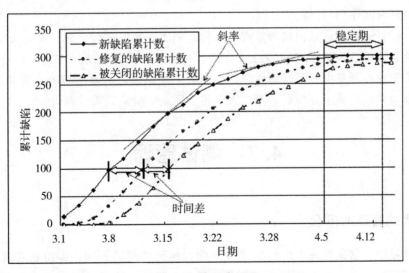

图4.2 缺陷分析图

同时，也可以在项目结束后进行缺陷分析，以改进开发和测试进程，具体操作如下所示。

(1)通过缺陷(每日或每周新发现的缺陷)趋势分析来了解测试的效率，可以根据丢失的 Bug 数量和发现总的 Bug 数量，了解测试的质量。也可以根据执行的总测试用例数，计算出每发现一个 Bug 所需要的测试用例数、测试时间等，对不同阶段、不同模块进行对比分析。

(2)通过缺陷数量或在模块的分布情况，可以掌握程序代码的质量，如通过对每千行代码所含的 Bug 数量分析，了解程序代码质量。通过缺陷(每日或每周修正/关闭的缺陷)趋势分析开发团队解决 Bug 的能力或状态。

4.6.2　产品总体质量分析

对测试的结果进行整理、归纳和分析，一般借助于 Excel 文件、数据库和一些直方图、饼图、趋势图等来进行分析和表示，主要的方法有对比分析、根本原因(Root Cause)查找、问题分类、趋势(时间序列)分析等。

(1)对比分析。

对比分析是软件来执行测试结果与标准输出的对比工作，因为可能有部分的输出内容是不能直接对比的(例如，对运行的日期时间的记录，对运行的路径的记录，以及测试对象的版本数据等)，就要用程序进行处理。

(2)根本原因查找。

根本原因查找是找出不吻合的地方并指出错误的可能起因。

(3)问题分类。

"分类"包括各种统计上的分项，例如，对应源程序的位置，错误的严重级别(提示、警告、非失效性错误、失效性错误等)、已有记录的错误。

(4)趋势(时间序列)分析。

趋势(时间序列)分析是根据所发现的软件缺陷历史数据进行分析，预测未来情况。

其他统计分析是，通过对缺陷进行分类，利用一些成熟的统计方法对已有数据进行分析，以了解软件开发中主要问题或产生问题的主要原因，从而比较容易提高软件质量。完成缺陷分析和产品质量分析后，测试人员将会完成一份测试质量报告。

4.7　测试管理

4.7.1　测试管理的概念

测试过程中，测试管理工作始终贯穿其中。所谓的测试管理，即组建和管理一个测试团队，制订和落实一个有效的测试流程，计划、设计、执行并跟踪输出项目的测试报告，为项目质量提供有效保障。

4.7.2 测试管理的能力模型

根据测试管理的特点，可以把测试管理分为测试人员管理、测试团队管理、测试流程管理、测试质量管理、测试资源管理和测试风险管理六个方面。测试管理的能力模型如图4.3所示。

图 4.3 测试管理的能力模型

1. 测试人员管理

测试人员管理包括了人员招聘、人员培养和人员管理三个方面，如图4.4所示。

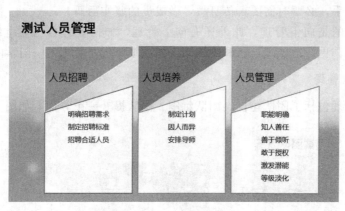

图 4.4 测试人员管理

（1）人员招聘。

人员招聘是确定招聘需求和招聘要求，为团队招募合适的人才。

（2）人员培养。

人员培养是制订学习目标和计划，因材施教，安排专业的导师，及时跟进新人学习进度并做到答疑解疑。使招聘的人才在最短的时间内适应项目的流程，熟悉项目的任务。对于新入职的员工而言，一个明确的工作任务和工作目标非常重要。

（3）人员管理。

①职能明确。各岗位职能职责区分清楚，避免团队成员之间职能混乱，出现工作交叉、干预、重复劳动的现象，也避免出现踢皮球的场景。

例如，有的测试团队会按照测试技术、测试设计、测试执行的组织结构来管理，这样每个团队都术有专攻，更容易管理。

有的测试团队会按照个人全方位能力培养，要求个人同时具备测试技术、测试设计和测试执行的能力，这样对每个人的长远发展更有利，但是会因为每个人的能力参差不齐，导致团队的成员能力不均衡，个人优势不够突出。

②知人善任。依据各人的特质、能力层级、优势、劣势进行任务分配，给团队成员充分展示优点的机会，做到扬长避短，合适的人做合适的事情。

例如，有的测试人员擅长测试设计，有的测试人员擅长挖掘工具自动化搭建，有的测试人员沟通协调能力比较强，根据每个人的意愿和优势来安排任务。

③善于倾听。要尊重团队里的每一个人，确保团队成员能够毫无顾虑地表达个人观点，并能够及时觉察成员情绪上的波动，换位思考，及时建立疏通、宣泄的渠道，做好正面引导。

④敢于授权。在明确的目标要求下，适当的放手，让团队成员有能力与权力去承担并对结果负责，但是在过程中，管理者也需要随时抽查，以便及时发现落实过程中的偏差或问题。

⑤激发潜能。不畏惧新人犯错误，只有在错误中进行总结，才能令人印象更深刻，后续不再犯。而不断的尝试新事物，才能够挖掘团队成员的潜力。

⑥等级淡化。成为团队成员的朋友，在团队成员迷茫时给出合适的建议，在团队成员困难时伸出援手，必要时需要言传身教，做成员的坚实后盾。

以上主要讲的是向下管理，此外还有向上管理，如何处理自己与上级之间的关系，如何向上级述职，更好地展现自己和团队的工作成绩，也是管理的一门学问。

2. 测试团队管理

测试团队管理包括了团队建设、团队氛围、团队提升三个方面，如图4.5所示。

图 4.5　测试团队管理

(1)团队建设。

①共同目标。共同目标可以是时间、项目等，团队成员有着共同的目标，才能提高整个团队的凝聚力和斗志，从而取得"1+1＞2"的效果。

②团队规划。团队规划可以制订半年、一年、短期和长期的规划，让团队成员了解

公司的远景，让大家对团队和个人的发展有信心。

③树立标杆。一个团队中各个成员都是不同的个体，素质和能力颇有差异，树立标杆，推广优秀成员的成绩和经验，才能提升团队的能力，使团队能力最大化。

④奖惩激励。团队成立阶段，多奖励，少惩治。及时地给予鼓励和奖励，会让团队成员的被尊重、被信任、被认同感提高，工作动力和积极性也随之提高。在团队成长成熟阶段，要多规范，建立多种合理的制度来管理与约束。

⑤绩效管理。要有一套公开、公正的绩效激励体系。结合每个成员的自身特点和能力制订合理的绩效。

(2)团队氛围。

通过团队活动、团队培训等方式，培养协作精神和团队精神，提升团队整体的能力，创造良好的氛围，提高团队的凝聚力。

加强测试团队在整个项目中的地位和影响力，影响力越强，团队成员的成就感会更强，工作的动力和信心会更大，会以积极正能量的心态面对工作。

(3)团队提升。

通过各种各样的途径，分享培训，共享资源库，或者是共享团队图书馆，提升团队整体硬性和软性能力。

测试流程管理包括流程建立、流程实施、流程优化三个方面如图4.6所示。

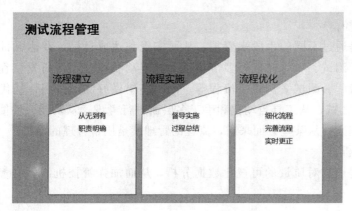

图 4.6　测试流程管理

3. 测试流程管理

(1)流程建立。

大到项目研发流程和职责分工，小到测试缺陷跟踪流程、案例评审流程，都有一个制订和完善的阶段。

(2)流程实施。

流程实施主要是指推动流程的落实。

(3)流程优化。

在流程的落实过程中，不断地总结经验，及时调整和完善流程。

4. 测试质量管理

测试质量管理包括了质量指标、质量管控、质量分析三个方面，如图4.7所示。

图 4.7　测试质量管理

保证测试质量，是测试团队的职责所需，也是首要标准。

（1）质量指标。

前期要确定一些项目中质量的指标，如交付时间要求、Bug修复率的要求、用例通过率的要求等。

（2）质量管控。

质量管控是通过不同的手段来管控，从而实现和达成目标。在达成目标的过程中需要研发、产品、测试、项目经理等多个角色共同推动和规范项目研发流程、代码管理流程、缺陷管理流程、测试案例评审流程等。同时还要做好测试分层，从代码级、接口级和UI级别进行测试，从工具自动化和手工多层面进行考虑，从功能、性能、兼容安全性等多纬度进行覆盖。从某些方面来讲，流程的管理就是质量管理的前提。

（3）质量分析。

质量分析是通过对质量的可视化数据分析，从而加强管控机制，改善测试流程，丰富质量指标。

5. 测试资源管理

测试资源管理包含了资源整合、资源共享、资源协调三个方面，如图4.8所示。

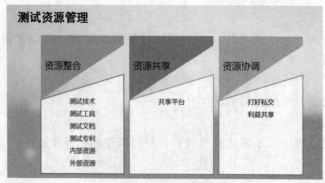

图 4.8　测试资源管理

(1)资源整合。

资源整合主要是整合测试相关的技术、文档、工具、专利等，使其成为测试团队的知识资产；整合测试内部、外部的人力、物力、财力，使其成为测试团队的能量储备。然后对资源进行维护和更新。

(2)资源共享。

建立统一的共享平台，将测试资源共享，管理测试用例，管理缺陷，管理测试方法、测试技术工具，减少团队成员的重复劳动。

(3)资源协调。

资源协调是协调测试组内和组外的各种资源，共同达成目标。在人力的协调上，一方面需要和组内、组外的人员建立良好的关系，取得他们的支持，另一方面，建立跨部门的利益相关性，成为利益共同体。

6. 测试风险管理

测试风险管理包括了风险识别、风险评估、风险应对三个方面，如图4.9所示。

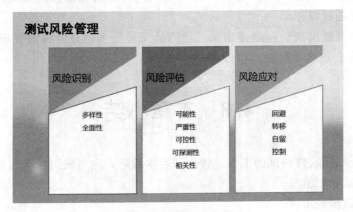

图4.9 测试风险管理

测试风险管理通过对风险的识别和分析，选择有效的方式，主动地、有计划地处理风险，以最小成本获得最大的保证。

(1)风险识别。

项目运行的各个环节可能出现的风险都应关注，风险信息收集时需要注重全面性和多样性。例如，需求上存在的缺失、交互上可能违背大部分用户习惯的设计、开发实现上可能存在的漏洞、测试案例上可能存在的遗漏，都是项目中常见的风险。

常见的信息收集手段有现场访谈、会议研讨、问卷调查等。

(2)风险评估。

通常可以用可能性、严重性，结合可控性、相关性几个指标来描述风险。例如，当判断一个不能固定重现的Bug是否重要、是否需要在上线前修复时，可以参考如下风险评测标准。

①这个Bug发生的概率有多高？

②这个Bug对用户的体验和使用影响有多大？

③这个 Bug 如果在生产上出现了，怎样可以解决和减少影响？

④这个 Bug 可能引发其他的问题吗？

(3)风险应对。

风险应对是采取各种措施减小风险问题发生的可能性，或者把可能的损失控制在一定的范围内，以避免在风险事件发生时带来难以承担的损失。

风险应对和控制的四种基本方法是回避、控制、转移和自留。

例如，新增加了一个功能是展示列表，根据测试人员对项目组产品和开发的了解，程序员经常会忘记页面为空白时怎么显示。因而需要提前提出来这个问题。那么测试人员可以采取如下几种措施：

如果知道可能出现这种风险，但是不打算提出来，也不打算搭理它。准备直接带着这个问题上线——这是回避。

如果把风险提出来，然后声明，这个问题一旦出现，需要开发承担责任——这是转移。

如果认为这个风险影响不大，不告诉其他人，仅自己知道。后续等问题暴露出来，再去处理——这是自留。

如果把这个可能出现的问题提出来，让产品完善需求，开发提前处理。避免测试后这个 Bug 的出现——这是控制。

4.8　本章小结

本章主要介绍了软件测试的工作过程。学习本章后，应当做到以下几点。

(1)掌握测试计划编写。

(2)掌握测试用例设计。

(3)理解并掌握测试脚本开发。

(4)理解并掌握测试执行。

(5)掌握缺陷分析和质量报告。

(6)掌握测试管理。

第 2 篇　应用篇

第 2 篇　应用篇

第5章 系统功能测试

5.1 功能测试的概念

功能测试就是对产品的各功能进行验证，根据功能测试用例，逐项测试，检查产品是否达到用户要求的功能。

功能测试(Functional Testing)，也称为行为测试(Behavioral Testing)，是根据产品特性、操作描述和用户方案，测试一个产品的特性和可操作性以确定它们是否满足设计需求。本地化软件的功能测试，用于验证应用程序或网站对目标用户能正确工作。使用适当的平台、浏览器和测试脚本，以保证目标用户的体验感足够好。功能测试是为了确保程序以期望的方式运行而按功能要求对软件进行的测试，通过对一个系统的所有特性和功能都进行测试确保符合需求和规范。

功能测试只需考虑需要测试的各个功能，不需要考虑整个软件的内部结构及代码。一般从软件产品的界面、架构出发，按照需求编写测试用例，输入数据在预期结果和实际结果之间进行评测，进而使产品达到用户使用的要求。

5.2 功能测试的工具

5.2.1 功能测试工具的操作

一般来说，使用 GUI 功能测试工具的测试过程包含下列五个步骤。

(1)录制测试脚本。

利用工具的录制功能，将操作人员的操作过程记录下来，转换成脚本。

(2)编辑测试脚本。

为了更好地适用于测试场景，可以对测试脚本进行修改，例如，插入验证点、添加注释等。

(3)调试测试脚本。

通过脚本的调试，保证脚本的正确性、执行效果满足测试用例所描述的要求。

(4)执行脚本。

执行设计好的脚本，完成计划的测试任务。

（5）分析测试结果。

对测试的结果进行专业分析，得出分解结果。

5.2.2 功能测试工具的分类

功能测试工具一般分为开源工具和商业工具。在选择工具时，首先可考虑开源工具，开源工具具有投入成本低、使用简单等优点。并能够结合自己特定的需求进行修改、扩展，具有良好的定制和适应性。

常见的开源工具如下。

（1）Selenium。

Selenium（Selenium HQ）是 thoughtworks 公司出品的一个集成测试的强大工具。Selenium 是一个用于 Web 应用程序测试的工具。Selenium 测试直接运行在浏览器中，就像真正的用户在操作一样。支持的浏览器包括 IE，Mozilla Firefox 等。这个工具的主要功能包括：测试与浏览器的兼容性，即测试应用程序是否能够在不同浏览器和操作系统上很好地工作；测试系统功能，即创建衰退测试检验软件功能和用户需求。

（2）Max-Q。

Max-Q 是一个免费的功能测试工具。它包括一个 HTTP 代理工具，可以录制测试脚本，并提供回放测试过程的命令行工具。测试结果的统计图表类似于商用测试工具，例如，Astra QuickTest 和 Empirixe-Test，这些商用工具价格昂贵。Max-Q 能够提供一些关键的功能，如 HTTP 测试录制回放功能，并支持脚本。

（3）WebInject。

WebInject 是一个针对 Web 应用程序和服务的免费功能测试工具。它可以通过HTTP 接口测试任意一个单独的系统组件，也可以作为测试框架管理功能自动化测试和回归自动化测试的测试套。

常见的商业化工具如下。

（1）IBMRational Functional Tester。

Rational Functional Tester 是面向对象的自动化功能测试工具，可测试 HTML、Java、Windows、.NET、Visual Basic、Silverlight、Eclipse、Siebel、Flex、Ajax、Dojo、GEF 和 PowerBuilder 的应用程序；还可以测试 Adobe PDF 文档、Zseries、Iseries 以及 Pseries 的应用程序。使用 Rational® Functional Tester，可以记录可靠且强大的脚本，通过回放脚本，可以验证测试应用程序的新构件。Rational Functional Tester 在Windows 和 Linux 平台上运行。

（2）WinRunner Mercury。

Interactive 公司的 WinRunner 是一个企业级的功能测试工具，用于检测应用程序是否能够达到预期的功能及正常运行。通过自动录制、检测和回放用户的应用操作，WinRunner 能够有效地帮助测试人员对复杂的企业级应用的不同发布版本进行测试，提高测试人员的工作效率和质量，确保跨平台的、复杂的企业级应用无故障发布及长期稳定运行。企业级应用包括 Web 应用系统、ERP 系统、CRM 系统等。这些系统在发布之前，升级之后都要经过测试，确保所有功能都能正常运行，没有任何错误。如何有效地测试不断升级更新且不同环境的应用系统，是每个公司都会面临的问题。

（3）UFT(Unified Functional Testing)。

UFT 又称为 QTP(QuickTest Professional)，它是一种基于 GUI 录制的自动化测试工具，以 VB Scirpt 为内嵌语言，UFT 支持功能测试和回归测试自动化，可用于软件应用程序和环境的测试。

5.3 本章小结

本章主要介绍了系统功能测试。学习本章后，应当做到以下几点。

（1）了解功能测试概念。

（2）掌握功能测试工具的使用。

第6章　系统非功能测试

非功能测试指通过各种标准评估应用程序的就绪状态。它评估应用程序在挑战性条件下的性能。常见的非功能测试包括性能测试、兼容性测试、安全性测试、用户界面测试、易用性测试等。

6.1　性能测试

性能测试是通过模拟多种正常、峰值以及异常负载条件来对系统的各项性能指标进行测试，主要用于评价一个网络应用系统(分布式系统)在多用户访问时系统的处理能力。中国软件评测中心将性能测试概括为三个方面：应用在客户端性能的测试、应用在网络上性能的测试和应用在服务器端性能的测试。

性能测试是为了发现系统性能问题或获取系统性能相关指标(如运行速度、响应时间、资源使用率等)而进行的测试。性能测试是系统测试的主要内容之一，通常是在真实环境和特定负载条件下，使用性能测试工具模拟软件系统的实际运行，监控系统性能的各项指标，对测试结果进行分析，确定系统性能是否满足软件规格说明书对系统性能的要求。

6.1.1　性能测试的主要类型

性能测试的主要类型有如下几种。

(1)负载测试。

负载测试是通过测试系统在改变负载方式、增加负载、资源超负荷等情况下的表现，以发现设计上的错误或验证系统的负载能力，通常使测试对象承担不同的工作量，以评测和评估测试对象在不同工作量条件下的性能行为，以及持续正常运行的能力，确定并保证系统在超出最大预期工作量的情况下仍能正常运行，同时需要评估系统的响应时间、事务处理速率等性能特征，从而确定能够接受的性能。

(2)压力测试。

压力测试也称为强度测试，实际上它是一种破坏性测试，通常检查被测系统在超负荷等恶劣环境下(如内存不足、CPU 高负荷、网速慢等)的表现，考验系统在正常情况下对某种负载强度的承受能力，以判断系统的稳定性和可靠性。压力测试主要测试系统的极限和故障恢复能力，也就是测试应用系统会不会崩溃，是通过确定系统的瓶颈或者不能接受的性能点，来获得系统能提供的最大服务级别的测试。一般把压力描述为"CPU 使用率达到 75% 以上，内存使用率达到 70% 以上"。

(3)并发测试。

并发测试主要是指当测试多用户并发访问同一个应用、模块、数据时是否产生隐藏的并发问题，如内存泄漏、线程锁、资源争用问题。几乎所有的性能测试都会涉及并发测试。它是一个负载测试和压力测试的过程，即逐渐增加负载，直到系统的瓶颈或者不能接受的性能点，通过综合分析执行指标和资源监控指标来确定系统的并发性能。

(4)容量测试。

容量测试用于检查被测系统处理大数据量的能力，如存储或读取一个测试超长文件的能力。确定系统可以处理同时在线的最大用户数量。

(5)可靠性测试。

软件的可靠性指的是在给定时间内、特定环境下软件无错误运行的概率，软件可靠性已被公认为是系统可依赖性的关键因素，是从软件质量方面满足用户需求的最重要因素，它可以定量地衡量软件的失效性。

6.1.2 系统性能的主要指标

影响 Web 应用系统性能的主要指标因素如下所述。

(1)响应时间。

响应时间又指请求响应时间，即从客户端发起的一个请求开始，到客户端接收到从服务器端返回响应结束，这个过程所耗费的时间，用公式可以表示为响应时间＝网络响应时间＋服务器处理时间＋数据存储处理时间(通常不包括浏览器生成或显示页面所花费的时间)，其单位一般为"s"或者"ms"。响应时间的评价可参考以下原则。

①在 1 s 之内，页面给予用户响应并有所显示，可认为是"很不错的"。

②在 1～2 s 内，页面给予用户响应并有所显示，可认为是"好的"。

③在 2～5 s 内，页面给予用户响应并有所显示，可认为是"勉强接受的"。

④超过 5 s 会使用户很可能不会继续等待下去。

(2)并发用户数。

并发是指所有的用户在同一时刻做同一件事情或者操作，这种操作可以是做同一类型的业务，也可以是做不同类型的业务。前一种并发通常用于测试使用比较频繁的模块，后一种并发更接近用户的实际使用情况。并发用户数可以使用估算法获得，系统实际并发数量以负载测试结果为准。

(3)吞吐量。

吞吐量指的是在一次性能测试过程中网络上传输的数据量总和。吞吐量/传输时间就是吞吐率，吞吐率是响应请求的率。吞吐量与响应时间可以分析系统在给定的时间范围内能够处理(负担)的用户数。

(4)事务数。

在 Web 性能测试中，一个事务就表示一个发送请求到返回响应的过程。因此，一般的响应时间都是针对事务而言的。每秒系统能够处理的交易或者事务的数量，称为每秒事务数(Transaction Per second，TPs)，它是衡量系统处理能力的重要指标。

(5)点击率。

点击率也称为每秒请求数，记为 Hits/sec，指客户端单位时间内向 Web 服务器提交的 HTTP 请求数，包括各种对象请求（如图片、CSS 等），这是 Web 应用特有的一个指标。

(6)资源利用率。

资源利用率指的是对不同系统资源的使用程度，如服务器的 CPU 利用率、磁盘利用率等。资源利用率是分析系统性能指标进而改善性能的主要依据，其主要针对 Web 服务器、操作系统、数据库服务器、网络等，根据需要采集相应的参数进行分析，是测试和分析瓶颈的主要参考。

性能测试的一般方法是通过模拟大量用户对软件系统的各种操作，获取系统和应用的性能指标，分析软件是否满足预期设定的结果，从概括来讲，就是模拟、监控和分析。模拟是通过多线程程序模拟现实中的各种操作、系统环境等；监控是对应用性能指标的监控和对系统性能指标的监控等；分析是通过一定的方法组合各种监控参数，根据数据的关联性，利用已经有的各种数学模型，通过各种分析模型快速地定位问题。

6.1.2　性能测试的主要步骤

性能测试的主要步骤如下。

(1)测试需求分析。测试需求分析是了解系统架构、业务状况与环境等，确定性能测试目的和目标，选择性能测试合适的测试类型（负载、压力、容量等）。

(2)制订测试计划。定义测试所需求的输入数据，确定将要监控的性能指标。

(3)用例及场景设计，对业务进行分析和分解，根据业务确定用例。不同用例按照不同发生比例组成场景，定义用户行为，模拟用户操作运行方式。

(4)准备测试脚本。创建虚拟用户脚本，验证并维护脚本的正确性。

(5)运行测试场景，监控测试指标。

(6)分析测试结果。根据错误提示或监控指标数据进行性能分析，得出性能评价结论，常用的性能测试工具主要有商业化工具及开源工具等。

6.2　兼容性测试

兼容性测试即测试软件对其他应用或者系统的兼容性，包括操作系统、软件、硬件、网络等。

1. 平台兼容性

平台兼容性是指 Web 系统最终用户的操作系统平台，如 Windows、Linux、UNIX 等，在系统发布之前，需要在各种操作系统下对系统进行兼容性测试。

2. 浏览器兼容性

浏览器是 Web 客户端最核心的构件，来自不同厂商的浏览器对 Java、JavaScrip、

ActiveX、Plug-ins 或不同的 HTML 规格有不同的支持。例如，ActiveX 是 Microsoft 的产品，是为 IE 而设计的、JavaScript 是 Netscape 的产品、Java 是 Sun 的产品等。另外，框架和层次结构风格在不同的浏览器中也有不同的显示，甚至根本不显示。根据浏览器引擎的不同，通常需要对主流的 IE、Firefox、Chrome 等浏览器进行兼容性测试。

3. 分辨率兼容性

分辨率测试主要是测试在不同分辨率下，页面版式是否能够正常显示。对于需求规格说明书中规定的分辨率，必须保证测试通过。常见的分辨率有 1440×900、1280×1024、1028×768、800×600。

进行分辨率兼容性测试时需要检查如下内容。

(1)页面版式在指定的分辨率下是否显示正常。

(2)分辨率调高后字体是否太小以至于无法浏览。

(3)分辨率调低后字体是否太大。

(4)分辨率调整后文本和图片是否对齐、是否显示不全。

其他兼容性测试还包括网络连接速率、外部设备等。

6.3 安全性测试

安全测试是通过安全测试手段和方法，验证软件的安全特性实现与预期一致、检验软件产品对各种攻击情况的防范能力，从而保障产品的安全质量。安全性测试主要有配置管理、资源利用、身份鉴别、访问控制、数据保护、通信安全、会话管理、数据验证和安全审计等。软件安全性测试就是检验系统权限设置有效性、防范非法入侵的能力、数据备份和恢复能力等，设法找出各种安全性漏洞。常见的安全测试类型有如下。

1. 跨站脚本攻击

跨站脚本攻击指的是恶意攻击者利用网站程序对用户输入过滤不足，向 Web 页面插入恶意 Script 代码，构造 XSS 跨站漏洞，当用户浏览该网页之时，嵌入 Web 里面的 Script 代码会被执行，从而达到盗取用户资料、利用用户身份进行某种动作或者对访问者进行病毒侵害等恶意攻击用户的特殊目的。

例如，在文本框中输入<script>alert(test)</script>，如果弹出警告对话框，表明已经受到跨站攻击。如构造下列的代码，还能搜集客户端的信息。

<script>alert(navigagator userAgent)</script>

<script>alert(document. cookie)</script>

因此，需要对输入域进行严格的保护和验证。

2. SQL 注入式攻击

SQL 注入式攻击(SQL InJection)是指用户输入的数据未经合法性验证就用来构造 SQL，即用户可以提交一段数据库查询代码，根据程序返回的结果，获得某些用户想得知的数据,包括查询数据库中的敏感内容,绕过认证,添加、删除、修改数据,拒绝服务查询语句等操作。例如,根据 SQL 语句的编写规则,附加一个永远为"真"的条件,使系统中某个认证条件总是成立,从而欺骗系统、躲过认证,进而侵入系统。

3. 目录设置

Web 安全的第一步就是正确设置目录,每个目录下应该有 index. htm 或 main. html 页面,严格设置 Web 服务器的目录访问权限。如果 Web 程序或 Web 服务器处理不当,通过单的 URL 替换和推测,会将整个 Web 目录暴露给用户,这样会造成 Web 的安全性隐患。

4. 登录测试

现在的 Web 应用系统通常采用先注册后登录的方式,因此必须测试以下内容。

(1)用户名和输入密码是否需要区分大小写。

(2)测试有效和无效的用户名和密码。

(3)测试用户登录是否有次数限制、是否限制从某些 IP 地址登录。

(4)口令选择是否有规则限制。

(5)哪些网页和文件需要登录才能访问和下载。

(6)系统是否有超时的限制,也就是说,用户登录后在一定时间内(如 15 min)没有单击任何页面,是否需要重新登录才能正常使用等。

5. 日志

为了保证 Web 应用系统的安全性,日志文件是至关重要的。需要测试相关信息是否写进了日志文件,是否可追踪。在后台,要注意验证服务器日志是否能正常工作。

6. 套接字(Socket)

当使用了安全套接字 Socket 时,还要测试加密是否正确,检查信息的完整性。

7. 服务器端的脚本

服务器端的脚本常常构成安全漏洞,这些漏洞又常常被黑客利用,所以只要测试没有经过授权,就不能在服务器端放置和编辑脚本的问题。

6.4 用户界面测试

用户界面测试(User Interface Testing),简称 UI 测试,是测试用户界面功能模块的布局是否合理、整体风格是否一致和各个控件的放置位置是否符合客户使用习惯,更重要的是操作便捷,导航简单易懂,界面中文字正确,命名统一,页面美观,文字、图片组合完美等。

UI 测试的目的是确保用户界面通过测试对象的功能来为用户提供相应的访问或浏览功能,确保用户界面符合公司或行业的标准,核实用户与软件的交互。UI 测试的目的在于确保用户界面向用户提供了适当的访问和浏览测试对象功能的操作。除此之外，测试还要确保 UI 功能内部的对象符合预期要求，并遵循公司或行业的标准。

针对 Web 应用程序，也就是通常所说的浏览器/服务器(BS)系统，可以从如下方面着手来进行用户界面测试。

1. 导航测试

导航描述了用户在一个页面内，在不同的用户接口控制之间，如按钮、对话框、列表和窗口等，或在不同的连接页面之间操作的方式。导航测试主要是检测一个 Web 应用系统是否易于导航：导航是否直观，Web 系统的主要部分是否可通过主页存取，Web 系统是否需要站点地图、搜索引擎或其他导航的帮助。

在一个页面上放太多的信息往往会起到与预期相反的效果。Web 应用系统的用户趋于目的驱动，快速地扫描一个 Web 应用系统，看是否有满足自己需要的信息，如果没有，就会很快地离开。很少有用户愿意花时间去熟悉 Web 应用系统的结构，因此 Web 应用系统导航帮助要尽可能准确。

导航的另一个重要方面是 Web 应用系统的页面结构、导航、菜单、链接的风格是否一致，确定用户凭直觉就知道 Web 应用系统里面是否还有内容，内容在什么地方。Web 应用系统的层次一旦确定，就要着手测试用户导航功能，让最终用户参与测试，效果将更加明显。

2. 图形测试

在 Web 应用系统中，适当的图片和动画既能起到广告宣传的作用，又可美化页面 Web 应用系统的图形包括图片、动画、边框、颜色、字体、背景、按钮等。图形测试的内容如下。

(1)要确定图形有明确的用途，图片或动画不要胡乱地堆在一起，以免浪费传输时间。Web 应用系统的图片尺寸要尽量小，并且要能清楚地说明一件事情，一般都可以链接到某个具体的页面。

(2)验证所有页面字体的风格是否一致。

(3)背景颜色应该与字体颜色和前景颜色相搭配。

(4)图片的大小和质量也是一个很重要的因素，一般采用 JPG 或 GIF 压缩格式。

(5)验证文字回绕是否正确，如果说明文字指向右边的图片，那么应该确保该图片出现在右边，不要因为使用图片而使窗口和段落排列奇怪或者出现孤行。

通常来说，使用少许或尽量不使用背景是个不错的选择。如果想用背景，那么最好使用单色的，并且和导航条一起放在页面的左边。另外，图案和图片可能会转移用户的注意力。

3. 内容测试

内容测试用来检验 Web 应用系统提供信息的正确性、准确性和相关性。信息的正确是指信息是可靠的还是误传的。例如，在商品价格列表中，错误的价格可能引起财政问题，甚至导致法律纠纷。信息的准确性是指是否有语法或拼写错误。这种测试通常使用文字处理软件来进行，例如，使用 Word 的"拼音与语法检查"功能。信息的相关性是指是否在当前页面可以找到与当前浏览信息相关的信息列表或入口，也就是一般 Web 站点中的"相关文章列表"。

对于开发人员来说，先有功能然后才能对这个功能进行描述。大家一起讨论一些新的功能，然后开始开发，在开发时，开发人员可能不注重文字表达，添加文字只是为了对齐页面。那么，这样出来的产品可能会产生很大的误解。因此，测试人员应和公关部门一起检查文字表达是否恰当，否则，将会给公司带来麻烦，也可能引起法律方面的问题。测试人员应确保站点看起来更专业。过多地使用粗体字、大字体和下划线会使用户感到不舒服。在进行用户可用性方面的测试时，最好先请图形设计专家对站点进行评估。最后，需要确定是否列出相关站点的链接。很多站点希望用户将邮件发到一个特定的地址，或者从某个站点下载浏览器。

4. 表格测试

表格测试用于验证表格设置是否正确。用户是否需要向右滚动页面才能看见产品的价格？把价格放在左边，而把产品细节放在右边是否更有效？每一栏的宽度是否足够宽，表格里的文字是否都有折行？是否有因为某一格的内容太多，而将整行的内容拉长？

5. 整体界面测试

整体界面是指整个 Web 应用系统的页面结构设计，是给用户的一个整体感。例如，当用户浏览 Web 应用系统时是否感到舒适，是否简单明确地知道要找的信息在什么地方，整个 Web 应用系统的设计风格是否一致？

对整体界面的测试过程，其实是一个对最终用户进行调查的过程。一般 Web 应用系统采取在主页上做一个调查问卷的形式，来得到最终用户的反馈信息。

对所有的用户界面测试来说，都需要有外部人员（与 Web 应用系统开发没有联系或联系很少的人员）的参与，最好是最终用户的参与。

6.5 易用性测试

软件的易用性是指在指定条件下使用时，软件产品被理解、学习、使用和吸引用户的能力。其中，用户界面测试是易用性测试中的一个重要内容。

易用性测试主要关注如下方面。

(1)控件名称应该易懂，用词准确，无歧义。

(2)常用按钮支持快捷方式。

(3)完成同一功能的元素应放在一起。

(4)界面上重要信息放在前面。

(5)支持回车。

(6)专业性软件使用专业术语。

(7)根据需要自动过滤空格。

(8)主菜单的宽度设计要合适，应保持基本一致。

(9)工具栏的图标与完成的功能有关。

(10)快捷键参考微软标准。

(11)提供联机帮助。

(12)提供多种格式的帮助文件。

(13)提供软件的技术支持方式。

(14)界面空间小时使用下拉列表框，而不使用单选框。

(15)对可能造成等待时间较长的操作应该提供取消操作功能。

(16)对用户可能带来破坏性的操作提供返回上一步操作的功能。

综上所述，Web界面测试主要关注用户体验，其包括以下测试要点。

(1)整体布局。

Web应用系统整体布局风格与用户群体和受众密切相关，例如，网站是提供儿童服务的，页面设计风格就应该卡通活泼；网站是提供技术类服务的，那么页面设计风格应该严肃，给用户以信任感。总之，整个站点应该具有统一的配色、统一的排版、统一的操作方式、统一的提示信息、统一的内容布局、统一的图标风格。另外，整个页面的排版布局必须合理，内容不能太挤，距离也不能太大，图片的大小要合适。

(2)导航测试。

导航描述了用户在一个页面内操作的方式，例如，在不同的用户接口控制之间的转换，或在不同的链接页面之间的转换。Web应用系统导航帮助要尽可能准确，导航的页面结构、导航、菜单、链接的风格要一致、直观。建议尽量使用最小化原则，将重要的、必须要使用户了解的功能放置在首页。

(3)图形测试。

Web应用系统的图片、动画、边框、颜色、字体、背景、按钮等图形的大小、格式、布局、风格要一致，要考虑图形是否有明确的用途、图形能否正常显示、图形下载速度、放置重要信息的图片是否丢失、背景颜色与字体颜色和前景颜色是否相搭配、图片的大小和质量是否影响性能等。图片一般采用JPG或GIF压缩。

(4)内容测试。

内容测试用来检验Web应用系统提供信息的正确性、准确性和相关性等。例如，信息的内容应该是正确的，不会误导用户；信息的内容应该是合法的，不会违反法律；信息的内容应该是符合语法规则的；对用户误操作的提示信息应该是准确的，而不是模棱两可的；在当前页面可以找到与当前浏览信息相关的信息列表或入口。

6.6　本章小结

本章主要介绍了系统非功能测试。学习本章后，应当做到以下几点。

(1)理解并掌握性能测试。

(2)理解并掌握兼容性测试。

(3)理解并掌握安全性测试。

(4)理解并掌握用户界面测试。

(5)理解并掌握易用性测试。

第7章　基于互联网测试

基于互联网的测试主要有众测和云测试两种。

7.1　众测

众测的目的是利用大众的测试能力和测试资源，在短时间内完成大工作量的产品体验，并能够保证质量，第一时间将体验结果反馈至平台，再由平台管理人员将信息搜集起来，交给开发人员，这样就能从用户角度出发，改善产品质量。

7.2　云测试

7.2.1　云测试的定义

云测试(Cloud Testing)，是基于云计算的一种新型测试方案。服务商提供多种浏览器的平台，一般的用户在本地用 Selenium 编写好自动化测试脚本，上传到网站，就可以在平台上运行 Selenium 脚本。

7.2.2　云测试的优势

1. 立即可用

云测试提供一整套测试环境，测试人员利用虚拟桌面等手段登录该测试环境，就可以立即展开测试。这将软硬件安装、环境配置、环境维护的代价转移给云测试提供者(公共云的经营者或私有云的维护团队)。以其虚拟化技术，在测试人员指定硬件配置、软件栈(操作系统、中间件、工具软件)、网络拓扑后，创建一套新的测试环境只需几个小时。如果测试人员可以接受已创建好的标准测试环境，即可以立即登录。

2. 装配完备

云测试不但可以提供完整的测试环境，还可以提供许多附加服务。对于测试机，它可以提供还原点，以便测试人员将虚拟机重置到指定状态。对于测试执行，它可以监控被测试程序的一举一动，例如，注册表访问、硬盘文件读写、网络访问、系统日志写入、系统资源占用率、内存映像序列化、屏幕录像等。将这些信息与测试用例一起展现出来，可以帮助测试人员发现问题、定位错误。对于大规模的测试，云测试可以提供多台测试客户机，测试人员从主控机上下载测试用例，执行并汇报测试结果，主控机将结果汇总后报告给测试人员。实际上，这些功能已经被各种工具所实现，云测试平台的任务是整合它们，提供统一、完备的功能。这样，测试人员就可以将精力最大限度地投入专属的测试领域中。

3. 专家服务

最高级的测试服务是提供专业知识的服务。这些知识可以通过测试用例、测试数据、自动测试服务等形式提供。例如，许多应用需要读取文件，云测试可以提供针对文件读取的模糊测试。测试人员将被测试的应用程序提交给云，云将其部署到多台测试机上。在每一台测试机上，应用程序要读取海量的文件，每一个文件都是特意构造的攻击文件。一旦栈溢出、堆溢出等问题被发现，立即保存应用程序的内存映像。一段时间后，测试人员将获得云测试返回的测试结果：一份详细的分析报告和一大堆内存映像文件。

4. 节约成本

每个企业都在追求成本最低和利润最大化。软件测试作为研发生产过程的一部分也有降低成本的要求，即使用最少的机器购买最少的测试软件来完成软件测试工作。利用云测试可实现节省成本，不需要购买或准备很多台计算机、购买和安装各类测试用软件，也不再需要部署复杂的网络。只需要列出测试目的、环境的要求、虚拟机台数、何时间断租用即可，实现按需支付。例如，购买一套自动化测试软件至少要花费6000元，测试中只需要使用两个月，但如果按800元/月租用该软件云测试平台，只需要支付1600元即可。同时随着企业软件版本和技术的发展，依赖的测试软件或环境亦需要升级换代，又会产生升级和维护费用，而在云测试环境中这些因素都无须企业考虑，交由提供云测试服务的供应商完成即可。

5. 提高效率

用云测试这种方式，极大地减少了测试环境搭建的时间，如机器和网络准备、操作系统安装、各种测试工具软件安装等都将节省，只需提前将需要的配置环境告诉云测试服务商，到时直接使用即可。由于是基于网络上的应用，当测试中遇到软件使用等问题时，亦可获得云测试服务商远程快速支持，很少会出现停滞甚至停止测试现象。

7.2.3 常见的云测试平台

常见的云端测试平台有Testin云测试、阿里云测试中心、腾讯质量开放平台、百度移动云测试中心等。

(1) Testin云测试。

Testin云测试是一家人工智能技术驱动的企业服务平台，为全球超过百万的企业及开发者提供云测试服务、AI数据标注服务、安全服务及推广服务，如图7.1所示。

图 7.1　Testin 云测试窗口

（2）阿里云测试中心。

阿里云测试中心源于阿里巴巴多年的先进管理理念和工程实践，提供从需求→开发→测试→发布→运维→运营，端到端的协同服务和研发工具支撑。云效测试平台将战略规划、敏捷研发、持续集成、持续交付、DevOps 等理念引入银行、保险、民航等大型企业和互联网初创企业，支持公有云、专有云和混合云的协同研发，助力企业产品快速创新迭代和研发效能升级，如图 7.2 所示。

图 7.2　阿里一站式研发云平台

阿里云的测试方面包括手工测试和多种自动化测试能力，将测试进行场景分类，除了通用的单元测试、代码扫描、接口测试，也包含了阿里巴巴特有的测试能力，如持续集成、流量回归测试。对于测试服务使用者，通过测试服务页面能够快捷地找到所需要的测试服务入口，如图 7.3 所示。

图 7.3　阿里云测试中心

（3）WeTest 腾讯质量开放平台。

WeTest 腾讯质量开放平台作为腾讯官方打造的一站式游戏测试云平台，通过研发整合大批优质的品质管理工具，本着"开放　分享　共赢"的目标愿景，为广大移动开发者及合作伙伴提供专业的测试服务。

腾讯 WeTest 提供的标准兼容测试能够快速发现游戏/应用兼容性和性能问题，覆盖安卓主流机型，反馈专业测试报告。更有腾讯金牌专家为 VIP 用户提供的定制化测试解决方案。而拥有千台真机的云测试服务极大程度上解决了移动开发者在测试环境中搭建的问题，覆盖市场主流机型，随时随地进行高效测试。在性能测试领域，腾讯通过腾讯质量标准研发的客户端性能测试，覆盖 IOS、安卓两大平台，适用于各类游戏、应用，直观获取 FPS、CPU、内存、流量等基础性能数据，直观解读问题。服务器性能测试简单易用，通过自动化体系无须维护测试环境，支持游戏、Web/H5 网站、移动应用、API 等主流压测场景。舆情监控则是汇集全网评论，聆听用户之声，实时监测媒体资讯，了解产品、公司的口碑与动向。腾讯还拥有 IOS 预审、手游安全测试、安全扫描等产品，助力为客户打造 S 级产品，如图 7.4 所示。

图 7.4　腾讯质量开放平台

（4）百度移动云测试中心。

百度移动云测试中心，简称 MTC（Mobile Testing Center），是业界领先的移动应用一站式测试服务平台，为广大开发者在移动应用开发测试过程中面临的成本、技术和效率问题提供解决方案，覆盖移动应用从开发、测试到上线、运营的整个生命周期。

平台核心服务有人工测试、自动化测试、远程真机调试、问卷调研整合而成的测试服务模式，同时提供线上监控、测试工具等生态服务，拥有 AI 自动化测试机器人私有化部署的能力，更有以百度测试能力模型为基础打造的移动应用质量标准为用户的 APP 保驾护航。

平台服务支持 Android 和 IOS，目前覆盖 10000＋主流终端机型，拥有 10000＋测试专员，已为百度 140 多条移动应用产品线提供长期稳定的测试服务，为百度系分发渠道的百度手机助手、91 助手、安卓市场的 APP 的可用性提供保障，同时对外服务的开发者数量超过 200 万，累计测试次数超 2 千万次，如图 7.5 所示。

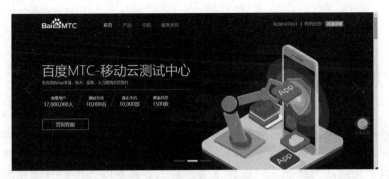

图 7.5 百度移动云测试中心

7.3 本章小结

本章主要介绍了基于互联网测试的相关知识。学习本章后，应当做到以下几点。

（1）了解云测试的概念。

（2）了解云测试的优势。

（3）了解常见的云测试平台。

第8章　自动化测试与应用

软件测试实行自动化进程，是软件测试工作的需要，能完成手工测试所不能完成的任务，提高测试效率、测试覆盖率，以及测试结果的可靠性、准确性和客观性。本章主要介绍软件自动化测试的概念、原理和方法。基于各种不同类型的自动化测试工具的介绍、使用等，主要侧重对功能测试和性能测试的两种工具进行介绍，帮助读者掌握软件自动化测试工具的使用技能。

8.1　自动化测试的概念

自动化测试(Automated Testing)是相对手工测试(Manual testing)的一个概念，由手工逐个逐条进行测试的过程变为由测试工具或系统自动执行的过程，包括基本数据的自动输入、结果的验证、自动生成测试报告等。自动化测试主要是通过软件测试工具、脚本生成场景管理等来实现的，具有良好的可操作性、可重复性和高效率等特点。

自动化测试是把以人为驱动的测试行为转换为机器执行的过程，即模拟手工测试步骤，通过执行由计算机程序设计语言编写的脚本，自动完成软件的单位测试、功能测试、负载测试和性能测试等全部测试工作。自动化测试集中体现在实际测试中自动执行的过程。自动化测试虽然需要借助于测试工具，但是仅仅使用测试工具是不够的，还需要借助网络通信环境、邮件系统、后台运行程序、改进的开发流程等方面，由系统自动完成软件测试的各项工作。

(1)测试环境的搭建和配置，如自动上传软件包到服务器并完成安装。

(2)基于模型实现测试设计的自动化，或基于软件设计规格说明书实现测试用例的自动生成。

(3)测试脚本的自动生成。

(4)测试数据的自动生成，如通过 SQL 语言在数据库中产生大量的数据记录，进行数据的测试。

(5)测试操作步骤的自动执行。

(6)测试结果分析，实际输出和预期输出的自动比对和分析。

(7)测试流程的自动处理，如测试计划的审批、测试任务的安排和执行、缺陷跟踪等自动化处理。

(8)测试报告的自动生成。

总之自动化测试意味着测试过程的自动化和测试管理工作的自动化。如果说整个软件测试过程完全实现自动化，而不需要人工参与和干涉，是不现实的。虽然不能完美地实现自动化，但是人们还在寻求更有效、更可靠的方法和手段，来提高软件测试的效率。

软件测试借助测试工具来实现，克服了手工测试的局限性。自动化测试由计算机系统自动来完成，机器执行速度快，会严格按照程序脚本执行，出错较少，所以自动化测试的优势也很明显，例如，自动运行的速度快，执行效率高，测试结果准确、可靠、可复用性高。正是这些特点，自动化测试弥补了手工测试的不足，给软件测试带来如下益处。

(1)缩短软件开发测试周期。

(2)能提供更高质量的产品。

(3)软件开发过程更规范。

(4)测试效率高，充分利用硬件资源。

(5)节省人力资源，降低测试成本。

(6)增强系统的稳定性和可靠性。

(7)提高软件测试的准确度和精确度。

(8)手工不能做的事情，测试工具可以完成，如负载测试、压力测试、性能测试等。

8.2 自动化测试的原理

软件自动化测试实现的基础是通过特定的程序(包括脚本、指令)模拟测试人员对软件系统的操作过程，如测试过程的录制、捕获和回放，其中最重要的就是首先识别用户界面的元素以及鼠标、键盘信息的输入，将操作过程转换为测试工具可执行的脚本；其次，对脚本进行优化和加强，加入测试的验证点，加入代码增加的特定函数脚本；最后通过测试工具运行开发脚本，并进行场景监视和数据分析，将实际输出记录和预先给定的期望结果进行自动对比和分析，确定是否存在差异。无论是功能测试，还是性能测试，自动化实现的方式都比较接近。只不过功能测试侧重于功能验证，而性能测试需要模拟成千上万的虚拟用户。其基本原理如图8.1所示。

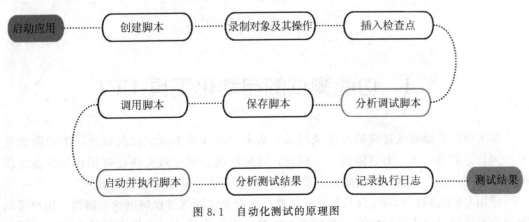

图 8.1 自动化测试的原理图

8.3　自动化测试的实施

　　在进行自动化测试时，简单的情况就是在单台测试计算机上运行测试工具，执行存储在本机上的测试用例，显示测试过程，记录测试结果。但在大规模的自动化测试过程中，需要多台测试计算机协同工作，而且还需要控制这些测试计算机的特定服务器，用于存储和管理测试任务、测试脚本及测试结果。自动化测试主要由六部分构成：存放测试软件包的文件服务器、存储测试用例和测试结果的数据库服务器、测试实验室或一组测试用的服务器或个人计算机、控制服务器、Web 服务器、客户端程序。自动化测试实施过程如图 8.2 所示。

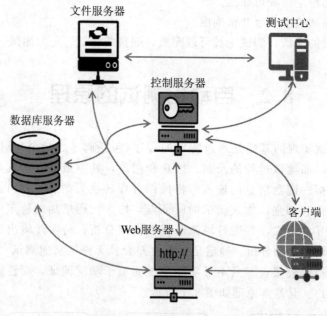

图 8.2　自动化测试的实施过程

8.4　功能测试的自动化工具-UFT

　　如果曾经手动测试过应用程序或网站，那么应该知道手动测试的缺点。手动测试耗时且冗长，需要大量人力资源投入。而且，时间限制通常导致无法在应用程序发布之前彻底手动测试每个功能。导致测试人员怀疑是否有严重的缺陷未被检测出来。

　　使用 UFT 进行的 GUI 自动化测试可通过大幅加快测试过程解决这些问题。用户可以创建检查应用程序或网站所有方面的测试，然后在每次网站或应用程序发生更改时运行这些测试。

运行测试时，UFT 模拟人类用户，在网页或应用程序窗口中移动光标、单击 GUI 对象并执行键盘输入。但是，UFT 的操作速度比任何用户都要快。

UFT 是一种自动化测试工具，是惠普公司(HP)出品的自动化测试工具，是目前主流的自动化测试工具之一。UFT 的前身是 QTP(Quick Test Professional)。从 QTP 11.5 版本开始，正式更名为 UFT(Unified Functional Testing)。UFT 支持功能测试和回归测试自动化，可用于软件应用程序和环境的测试。UFT 自动化测试的基本功能包括创建测试、检验数据、增强测试、运行测试脚本、分析测试结果及维护测试等方面。

UFT 支持两种视图，一种是关键字视图(Keyword View)，另一种是专家视图(Expert View)。关键字视图是一种图形化的视图。专家视图是对于关键字视图中的每个节点，在编辑器中都对应一行脚本，也叫脚本视图。

8.4.1 UFT 的安装

在官网下载 UFT 软件包，以 UFT 12.00 为例，下载后单击安装包，进入安装界面，具体步骤如下。

(1)单击图标，进行解压，如图 8.3 所示。

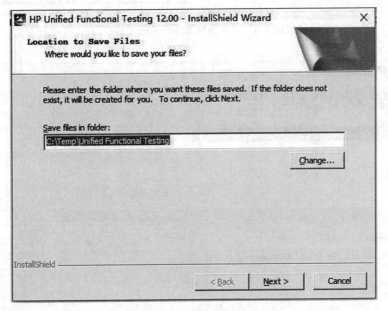

图 8.3 解压安装包

(2)将安装包解压到目标文件夹，如图 8.4 所示。

(3)安装必备的程序，如图 8.5 所示。

(4)进入安装向导界面，如图 8.6 所示。

(5)单击"安装"按钮，安装 UFT，安装时在下拉列表中选择语言，如图 8.7 所示。

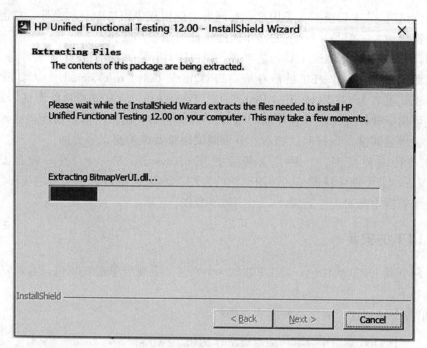

图 8.4　将安装包解压到目标文件夹

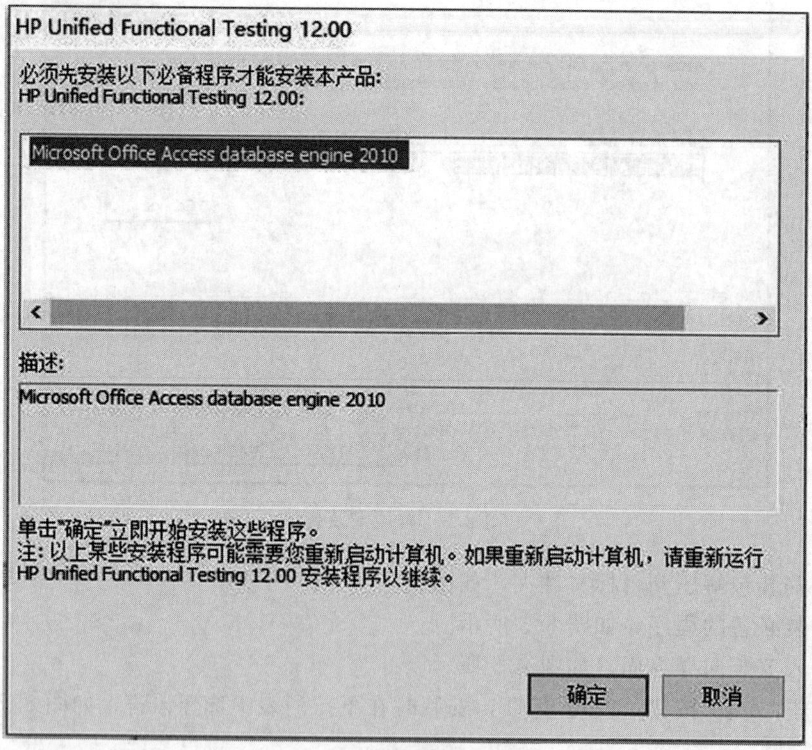

图 8.5　安装必备的程序

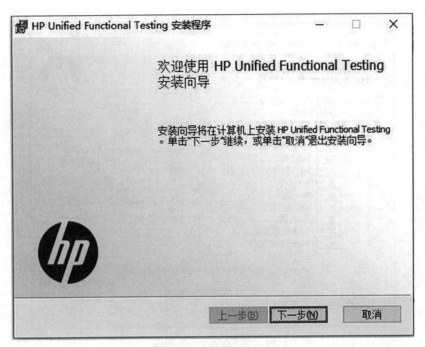

图 8.6 安装向导界面

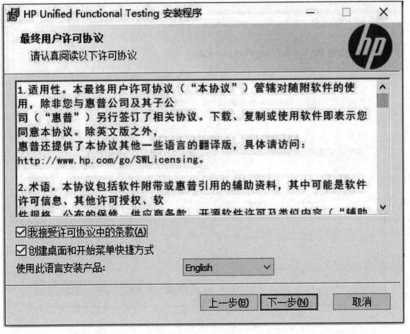

图 8.7 最终用户许可协议

(6)在自定义安装界面，可选择安装位置，如图 8.8 所示。

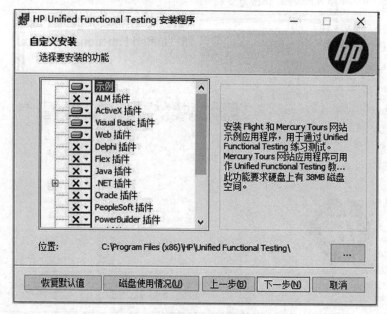

图 8.8　自定义安装界面

(7)验证安装后，单击"下一步"按钮，如图 8.9 所示。

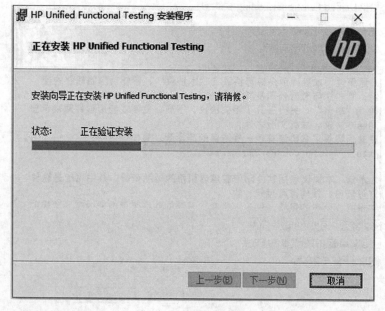

图 8.9　正在验证安装

(8)单击"完成"按钮，完成 UFT 安装，如图 8.10 所示。

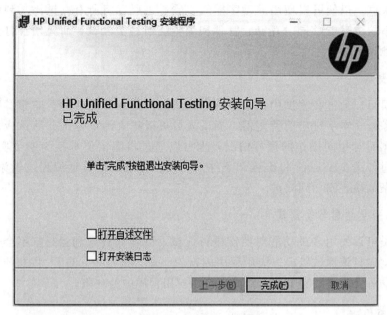

图 8.10 完成 UFT 安装

8.4.2 UFT 的基本操作

UFT 测试过程由以下阶段组成。

1. 分析应用程序

计划测试的第一步是分析应用程序以确定测试需求。应用程序的开发环境是什么？测试人员需要为这些环境加载 UFT 插件，使 UFT 能够识别并使用应用程序中的对象。开发环境示例包括 Web、Java 和 .NET 等，UFT 测试主要测试应用程序中为完成特定任务而执行的各种活动。测试人员应该将要测试的进程和功能分为较小的任务，以便基于这些任务创建 UFT 操作。较小和更多的模块化操作使测试人员的测试更易读取和遵循，并且可以使长期维护更轻松。在此阶段，测试人员已经可以开始创建测试框架并添加操作。

2. 准备测试基础结构

基于测试人员的测试需求，测试人员必须确定所需的资源并相应地创建这些资源。资源示例包括共享对象存储库(包含表示应用程序中对象的测试对象)和函数库(包含可增强 UFT 功能的函数)。

还需要配置 UFT 设置，以便 UFT 能够执行可能需要的任何其他任务，如在每次运行测试时显示结果报告。

3. 构建测试并将步骤添加到每个测试

测试基础结构准备就绪之后，就可以开始构建测试。测试人员可以创建一个或多个空测试，然后向其添加操作创建测试框架。将对象存储库与相关操作关联，并将函数库与相关测试关联，以便可以使用关键字插入步骤；也可以将所有测试添加到单个解决方案，这样的解决方案能够同时存储、管理和编辑任何相关测试，而无须在打开一个测试前关闭其他测试。

4. 增强测试

测试人员可以通过在测试中插入检查点来测试应用程序是否运行正常。检查点会搜索页面、对象或文本字符串的特定值。测试人员可以扩大测试范围并测试应用程序在使用不同组数据时对相同操作的执行情况，也可以通过将固定值替换为参数实现此目的。测试人员通过使用 VBScript 将编程和条件语句或循环语句及其他编程逻辑添加到测试，并将其他复杂的检查添加到测试。

5. 调试、运行和分析测试

测试人员可以使用调试功能对测试进行调试，以确保其顺利运行，不会中断。测试正常运行后，运行该测试以检查应用程序的行为。运行过程中，UFT 将打开应用程序并执行测试中的每个步骤。检查运行结果以查明应用程序中的缺陷。

6. 报告缺陷

如果安装了 ALM，则可以将发现的缺陷报告给数据库。ALM 是 HP 测试管理解决方案。

UFT 的具体操作步骤如下。

(1)单击 UFT 的软件图标，进入应用程序，弹出如图 8.11 所示的提示框，在其中单击"继续"按钮。

图 8.11 提示框

(2)打开插件页面，选择相关插件单击"OK"按钮，进入 UFT 界面，如图 8.12 和

图 8.13 所示。

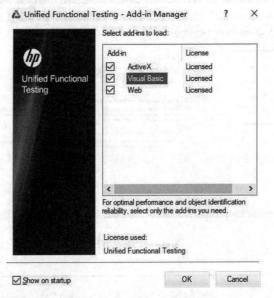

图 8.12　插件页面

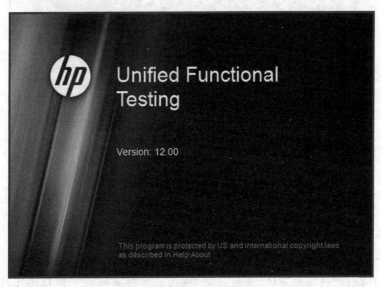

图 8.13　UFT 界面图

Active X 插件又称为 OLE 控件或 OCX 控件，它是一些软件组件或对象，可以将其插入 WEB 网页或其他应用程序中。

(3)打开 UFT，显示如图 8.14 所示界面。

单击"新建"按钮，弹出"新建测试"界面，在选择类型一栏中默认选择"GUI 测试"，如果默认选项不为"GUI 测试"那就选中"GUI 测试"，单击"创建"按钮，进入"选项"界面。

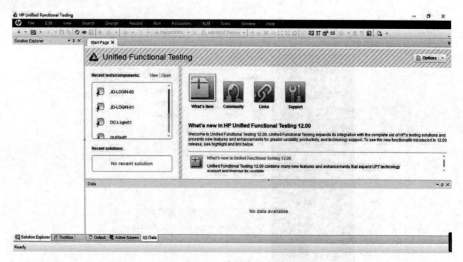

图 8.14 进入 UFT

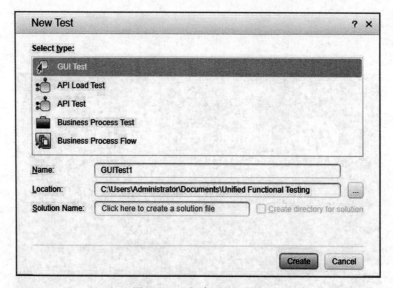

图 8.15 "新建测试"界面

(4)单击"工具"菜单选择"选项"命令。

选择"GUI 测试"选项卡下的"测试运行"选项,在普通模式下将每步执行延迟的秒数改为 2000,其他选项保持不变(这样可以更加直观地看到每步的操作和输入的内容,该数值可以根据个人喜好自由更改),如图 8.16 所示。

(5)单击"录制"按钮,弹出"录制和运行设置"界面。

单击工具栏中的"+"按钮,打开要进行录制的程序,单击"确定"按钮,如图 8.17所示。

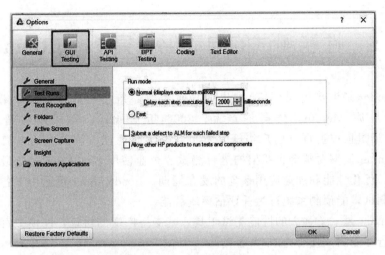

图 8.16 "选项"界面

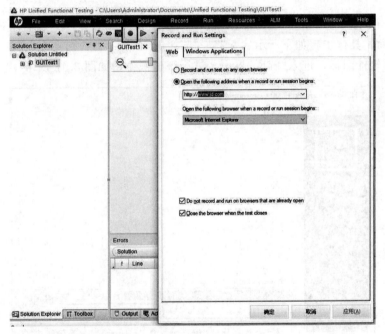

图 8.17 "录制和运行设置"界面

(6)自动打开登录界面,输入设计好的测试用例。

(7)单击"停止"按钮,停止录制。录制完成后单击"运行"按钮进行回放查看。

(8)单击"回放"按钮可以将刚才的操作重新回放一遍。

8.5　性能测试的自动化工具-LoadRunner

LoadRunner 是惠普公司(HP)推出的一种预测系统行为和性能的负载测试工具。LoadRunner 是原 Mercury 公司的产品,2006 年 Mercury 公司被惠普公司收购。LoadRunner 通过模拟上百万用户实施并发负载及实时性能监测的方式来确认和查找问题,LoadRunner 能够对整个企业架构进行测试。企业使用 LoadRunner 能最大限度地缩短测试时间、优化性能和加速应用系统的发布周期。LoadRunner 可适用于各种体系架构的自动负载测试,能预测系统行为并评估系统性能。

LoadRunner 是一个强大的性能测试工具,其支持广泛的协议,能模拟百万级的并发用户,是进行性能测试强有力的"帮手"。

8.5.1　LoadRunner 的安装

先在官网下载 LoadRunner 软件包,以 LoadRunner12 为例,下载后单击软件图标,进入安装界面,具体步骤如下所示。

(1)单击软件图标,进入"解压"界面,进行解压操作,如图 8.18 所示。

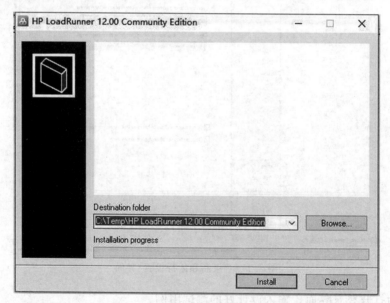

图 8.18　"解压"界面

(2)将压缩文件解压到目标文件夹,如图 8.19 所示。

(3)单击安装文件,安装必备程序,如图 8.20 所示。

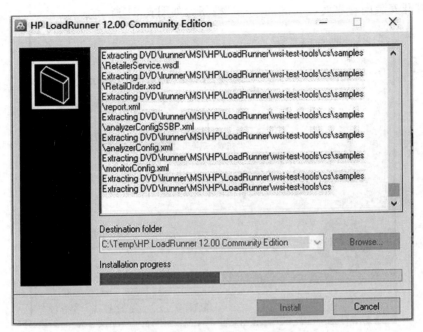

图 8.19　解压到目标文件夹

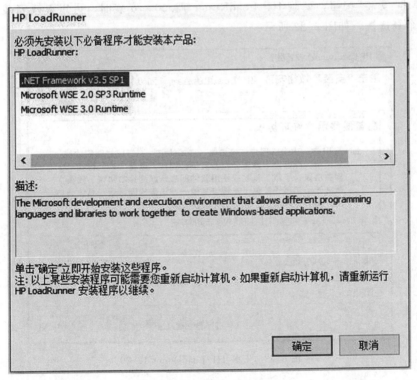

图 8.20　安装必备程序图

(4)打开安装向导界面，单击"下一步"按钮，如图 8.21 所示。

图 8.21　安装向导界面

(5)单击"安装"按钮，安装 HP LoadRuner 12.00，安装时，可以更改安装路径，勾选下面三个复选框，如图 8.22 所示。

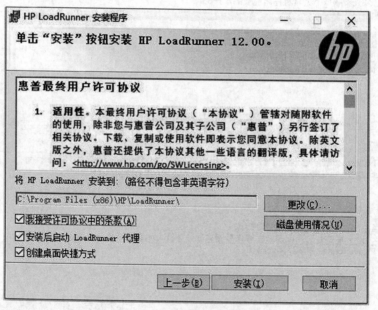

图 8.22　安装 HP LoadRuner 12.00

(6)正在安装 HP LoadRunner，如图 8.23 所示。

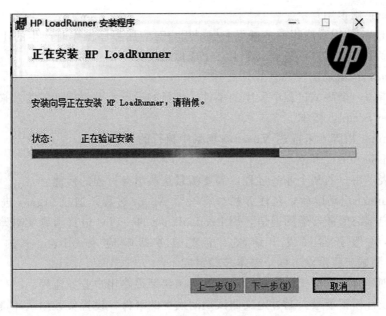

图 8.23　正在验证安装 HP LoadRunner

(7)单击"完成"按钮，完成 HP LoadRunner 安装，如图 8.24 所示。

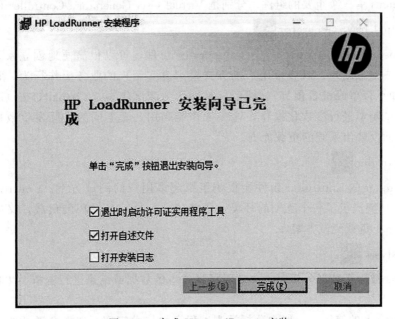

图 8.24　完成 HP LoadRunner 安装

8.5.2　LoadRunner 的基本操作

在使用 LoadRunner 之前，要弄清以下概念。

（1）Vuser：虚拟用户。

LoadRunner 使用多线程或多进程来模拟用户对应用程序操作时产生的压力。一个场景可能包括多个虚拟用户，甚至成千上万个虚拟用户。

（2）Scenario：场景。

场景是指每一个测试过程中发生的事件，场景的设计需要根据性能需求来定义。

（3）Vuser Script：脚本。

LoadRunner 用脚本来描述 Vuser 在场景中执行的动作。

（4）Transactions：事务。

事务代表了用户的某个业务过程，需要衡量这些事务过程的性能。

Load Runner 启动以后，在任务栏会有一个 Agent 进程，通过 Agent 进程，监视各种协议的客户端与服务器端的通信，用 LoadRunner 的一套 C 语言函数录制脚本，然后调用这些脚本向服务器端发出请求，接收服务器响应 LoadRunner 的测试过程。LoadRunner 测试流程由以下四个基本步骤组成。

步骤 1 创建脚本。捕获在应用程序上执行的典型最终用户业务流程。

步骤 2 设计模拟场景。通过定义测试期间发生的事件，设置负载测试环境。

步骤 3 运行场景。运行、管理并监控负载测试。

步骤 4 分析结果。分析 LoadRunner 在负载测试期间生成的性能数据。

LoadRunner 有三个重要的组件，分别是 Virtual User Generator、Controller 和 Analysis。

（1）Virtual User Generator 。

使用 LoadRunner 的 Virtual User Generator 组件，可以很简便地创立系统负载。该引擎能够生成虚拟用户，以虚拟用户的方式模拟真实用户的业务操作行为。它先记录下业务流程（如下订单或机票预订），然后将其转化为测试脚本。Virtual User Generator 组件可以对测试脚本进行参数化操作，这一操作能利用几套不同的实际发生数据来测试应用程序，从而反映出系统的负载能力。

（2）Controller 。

LoadRunner 的 Controller 组件能很快组织起多用户的测试方案。Controller 组件的 Rendezvous 功能提供了一个互动的环境，既能建立起持续且循环的负载，又能管理和驱动 LoadRunner 负载测试方案。

（3）Analysis 。

Analysis 被用在结果分析时，主要对场景产生的数据或结果进行分析，生成测试分析报告。

LoadRunner 的使用，一般先分析被测试程序的技术实现，选择合适的协议进行测试脚本的录制，然后修改测试脚本，接下来进行场景设计，最后，运行场景并分析测试结果。

LoadRunner 的具体操作如下。

（1）双击 Virtual User Generator 图标，打开 Virtual User Generator 界面，如图 8.25所示。

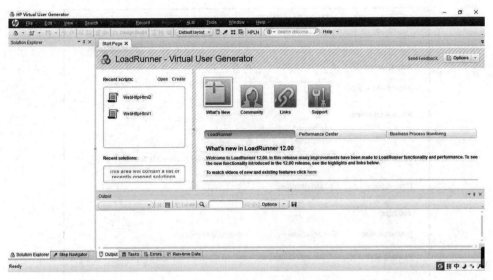

图 8.25　Virtual User Generator 界面

（2）选择"文件"菜单中的"脚本和解决方案"选项，打开"创建新脚本"界面，在其中按要求选择录制时需要的协议类型，然后单击"创建"按钮，如图 8.26 所示。

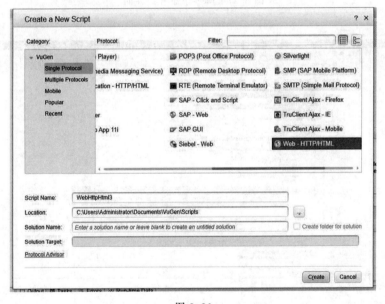

图 8.26

（3）单击"Record"按钮，在录制脚本之前，设置相关参数，然后单击"Start Recording"按钮，进行脚本录制，录制结束保存脚本即可，如图 8.27 所示。

（4）录制好的脚本，可以进行编辑和修改，如参数化测试数据、内容检查及添加事物等，通过修改，可以增强脚本，如图 8.28 所示。

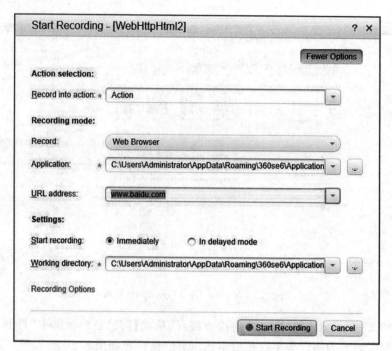

图 8.27　脚本录制开始界面

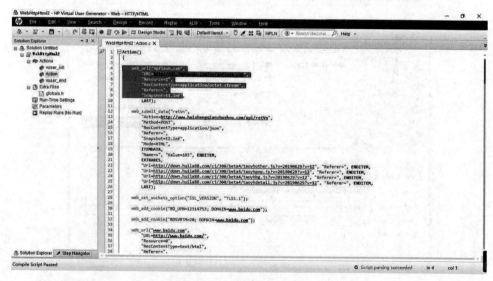

图 8.28　编辑和修改脚本

（5）录制好脚本后，打开 Controller 组件，进行场景的设置。Controller 窗口的 Design（设计）选项卡包含三个主要部分：场景组（Scenario Groups）、场景计划（Scenario Schedule）和服务水平协议（Service Level Agreement）。

①场景组窗格。在"场景组"部分配置 Vuser 组，创建不同的组来代表系统的典型用户。测试人员可以定义典型用户将执行的操作、运行的 Vuser 数和运行场景时所用的计

算机。

②场景计划测试人员窗格。在场景计划部分，设置负载行为以准确模拟用户行为。测试人员可以确定在应用程序上施加负载的频率、负载测试的持续时间以及负载的停止方式。

③服务水平协议窗格。设计负载测试场景时，可以为性能指标定义目标值或服务水平协议（Service Level Agreement）。运行场景时，LoadRunner 收集并存储与性能相关的数据。分析运行情况时，Analysis 将这些数据与 SLA 进行比较，并为预先定义的测量指标确定 SLA 状态，如图 8.29 所示。

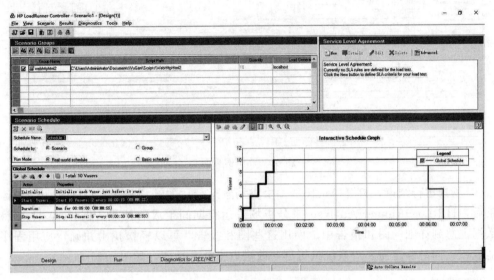

图 8.29 "服务水平协议"窗格

如果已经设计了负载测试场景，那么就可以运行该测试并观察应用程序在负载下的性能。在开始测试之前，测试人员应该熟悉 Controller 窗口的运行（Run）视图。运行（Run）视图是用来管理和监控测试情况的控制中心。单击"运行"选项卡，打开运行视图。运行视图包含场景组（Scenario Groups）窗格、场景状态（Scenario Status）窗格、可用图树（Auailable Graphs）、图查看区域（view Graphs）和图例（key）。

①场景组窗格。场景组窗格是位于左上角的窗格，测试人员可以在其中查看场景组内 Vuser 的状态。使用该窗格右侧的按钮可以启动、停止和重置场景，并查看各个 Vuser 的状态，通过手动添加更多 Vuser 增加场景运行期间应用程序的负载。

②场景状态窗格。场景状态窗格是位于右上角的窗格，测试人员可以在其中查看负载测试的概要信息，包括正在运行的 Vuser 数目和每个 Vuser 操作的状态。

③可用图树。可用图树是位于中间偏左位置的窗格，测试人员可以在其中看到一列 LoadRunner 图。可以在树中选择一个图，并将其拖到图查看区域，即可打开 LoadRunner 图。

④图查看区域。图查看区域是位于中间偏右位置的窗格，测试人员可以在其中自定义显示画面，查看 1 到 8 个图。

⑤图例。图例是位于底部的窗格，测试人员可以在其中查看所选图的数据。选中其中一行时，图中的相应线条将突出显示，反之则不突出显示，如图 8.30 所示。

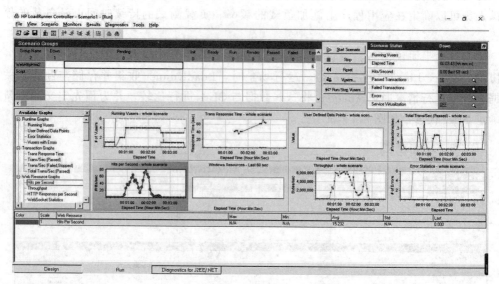

图 8.30　图例页面

（6）场景运行结束，打开 Analysis，生成场景运行后的结果报告，可以使用场景运行结束后，HP LoadRunner Analysis 来分析场景运行期间生成的性能数据。Analysis 将性能数据汇总到详细的图和报告中。使用这些图和报告，可以轻松找出并确定应用程序的性能瓶颈，同时确定需要对系统进行哪些改进以提高其性能，如图 8.31 所示。

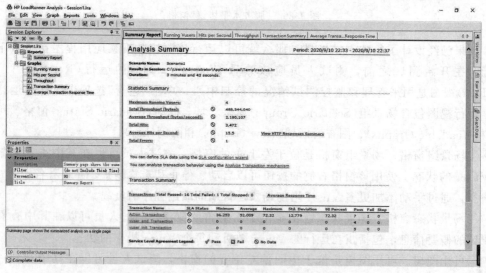

图 8.31　对性能数据进行分析

8.6 本章小结

本章主要介绍了自动化测试与应用。学习本章后，应当做到以下几点。

(1)了解自动化测试的概念。

(2)理解自动化测试的原理。

(3)理解并掌握自动化测试的实施。

(4)掌握功能测试自动化工具 UFT 的使用。

(5)掌握性能测试自动化工具 LoadRunner 的使用。

第 3 篇　实战篇

第9章　实战测试项目

测试是保证产品质量的关键环节，不论是从开发人员开始的单元测试、集成测试，还是测试人员的系统测试、产品的需求测试、客户的验收测试，都是为了保证产品能够更健壮的在市场上服务于用户，但是测试的整个工作和过程并不像开发的工作一样有一个产品的产出，所以在很大程度上增加了对测试工作质量的考核，也就造成了对产品测试完成后，无法有一个可靠的依据去判断是否能够保证产品在市场中稳定运行，测试过程中也必然存在着各种各样的问题和困难。本章从一个实际项目案例着手，从被测对象介绍开始，直至测试结果分析结束，详细地剖析了软件测试工作的实施流程及测试过程中所使用的技术。

9.1　被测系统介绍

在线订餐系统是常见的 Web 类项目之一，本系统实现了用户管理、订餐搜索、订餐车管理、营养指南、在线留言等功能模块，系统主界面如图 9.1 所示。

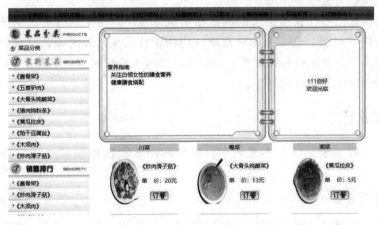

图 9.1　订餐系统主界面

9.2　测试过程概述

软件测试贯穿整个软件开发的生命周期中，从需求分析到产品维护，都需要软件测试。软件测试在执行过程中，可以分成多个阶段来进行，每个阶段都与软件开发阶段相对应，也可以用 W 模型来分析。测试过程一般会包括以下方面。

(1)测试计划的编写。

(2)测试用例的设计。

(3)测试执行。

(4)测试报告。

9.2.1　测试计划编写

在进行软件测试工作时，需要制订相应的计划，后期才能更好开展测试工作。测试计划描述了测试活动的范围、方法、资源、进度、系统风险、优先级等。

本项目的测试计划详细见附件一。

9.2.2　测试用例设计

测试用例(TEST CASE)是指对一项特定的软件产品进行测试任务的描述，体现测试方案、方法、技术和策略。软件测试用例的基本要素包括项目、软件名称、版本、作者、功能模块名称、测试用例编号、编制人、修改历史、功能特性、测试目的、预置条件、测试数据、操作描述、期望结果、实际结果、测试人员、开发人员、测试日期等方面，最终形成文档。简单地认为，测试用例是为某个特殊目标而编制的一组测试输入、执行条件以及预期结果，用于核实是否满足某个特定软件需求。测试用例的设计和编制是软件测试活动中最重要的。测试用例是测试工作的指导，是软件测试必须遵守的准则，更是软件测试质量稳定的根本保障。

测试环境搭建之后，根据定义的测试用例执行顺序，逐个执行测试用例。在测试执行中需要注意以下问题：全方位的观察测试用例执行结果、及时确认发现的问题、与开发人员良好的沟通、测试执行过程中，应该注意及时更新测试用例等。

本案例的测试用例详见附件二。

9.2.3　测试执行

测试执行过程很复杂，在本案例中，以功能测试和性能测试来详细演示测试执行过程。

1. 测试执行准备

测试之前，需要对被测对象进行部署，具体分为数据库部署和项目部署两部分。

1)数据库部署

(1)安装 MySQL 及数据库软件(Navicat for MySQL)软件，打开数据库软件测试连接，如图 9.2 所示。

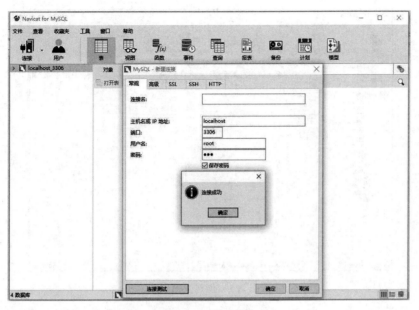

图 9.2　连接数据库

(2)新建数据库 wldc，如图 9.3 和图 9.4 所示。

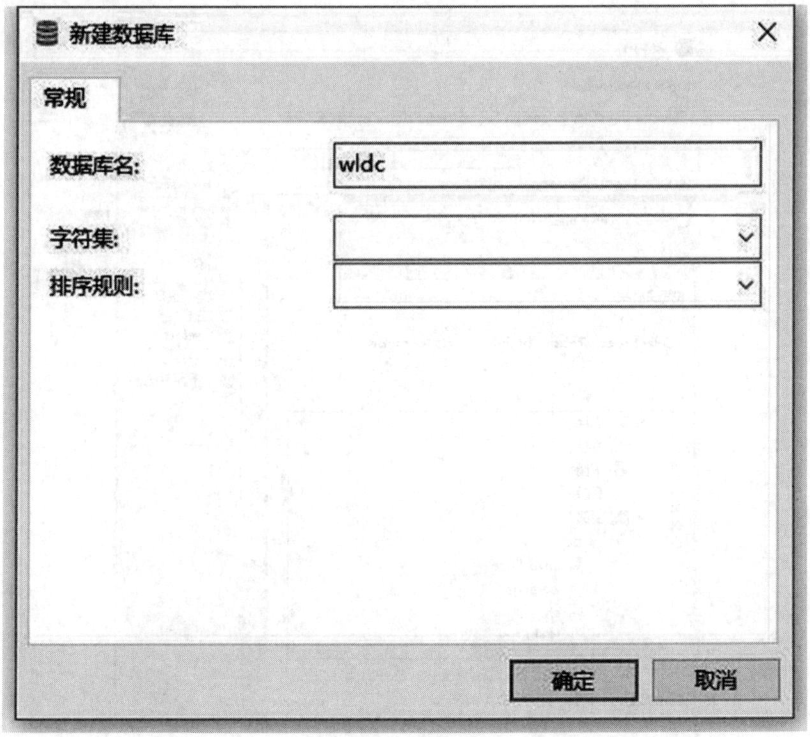

图 9.3　新建数据库

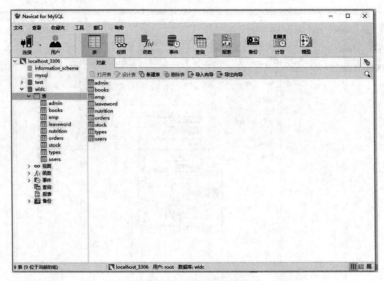

图 9.4 创建数据表

(3)在表格中输入基础数据，也可以通过导入的方式进行。

2)项目部署

(1)打开软件 MyEclipse，导入项目，如图 9.5 所示。

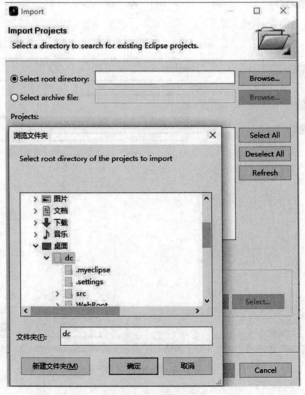

图 9.5 导入项目

（2）配置好系统，在 MyEclipse Web Browser 中运行项目，如图9.6和图9.7所示。

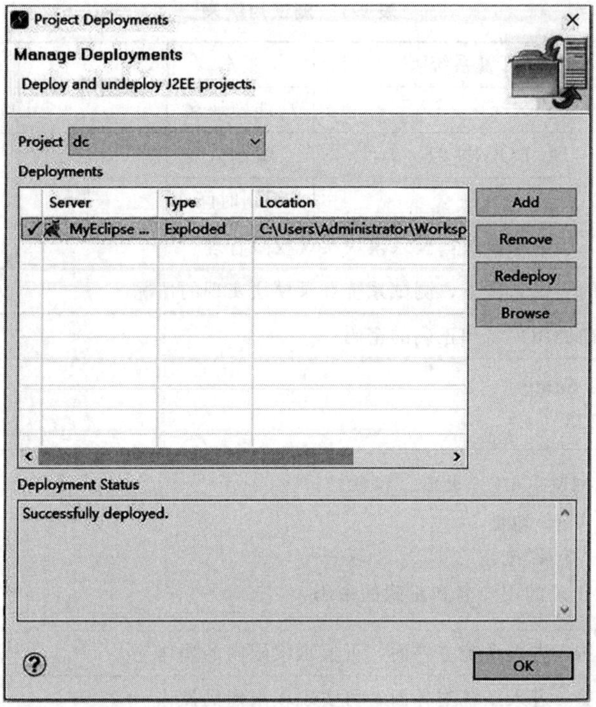

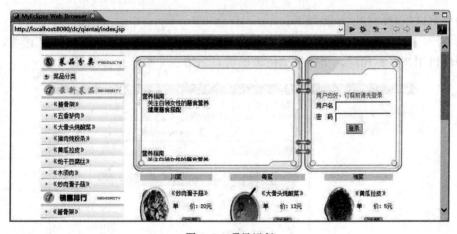

图9.6　项目部署

图9.7　项目运行

（3）在 MyEclipse Web Browser 中完成基本操作，确定无误后，准备进入脚本录制环节。

2. 功能测试执行

功能测试执行是按照功能测试用例，按部就班的进行的。下面以前一个阶段完成的测试用例，来具体演示功能测试的执行过程。以 DC_LOGIN-01 为例，来进行登录模块的测试。测试用例如表 9.1 所示。

表 9-1　测试用例表

项目/软件	在线订餐系统	版本	V1.0
作者	×××	功能模块名	LOGIN 模块
用例编号	DC-LOGIN-01	编制人	×××
修改历史		编制时间	2020-10-20
功能特性	测试该系统登录模块，登录模块实现权限管理		
测试目的	在不同的登录条件下，测试系统登录模块实现的情况		
预置条件	输入正确的用户名和正确的密码		
测试数据	用户名：admin 密码：123		
操作描述	1. 打开浏览器(IE、火狐、谷歌) 2. 输入 URL 地址 3. 单击"登录"按钮 4. 输入正确的用户名和正确的密码		
期望结果	登录成功，进入系统主界面，可实现权限内的操作		
实际结果	登录成功，进入系统主界面，可实现权限内的操作		
测试人员	×××	开发人员		测试日期	2020-10-20

功能测试执行的具体步骤如下。

(1)打开 UFT 软件，选择"File"→"New"→"Test"选项，选择"GUI Test"选项，脚本名称与测试用例名称相同，指定存储位置即可，如图 9.8 所示。

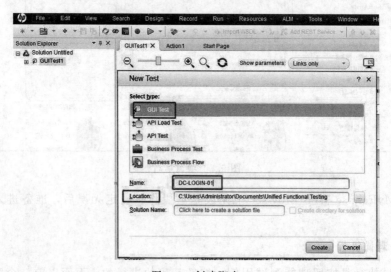

图 9.8　创建脚本

(2)单击"录制"按钮，设置相关参数，完成脚本录制前的基本配置，如图 9.9 所示。

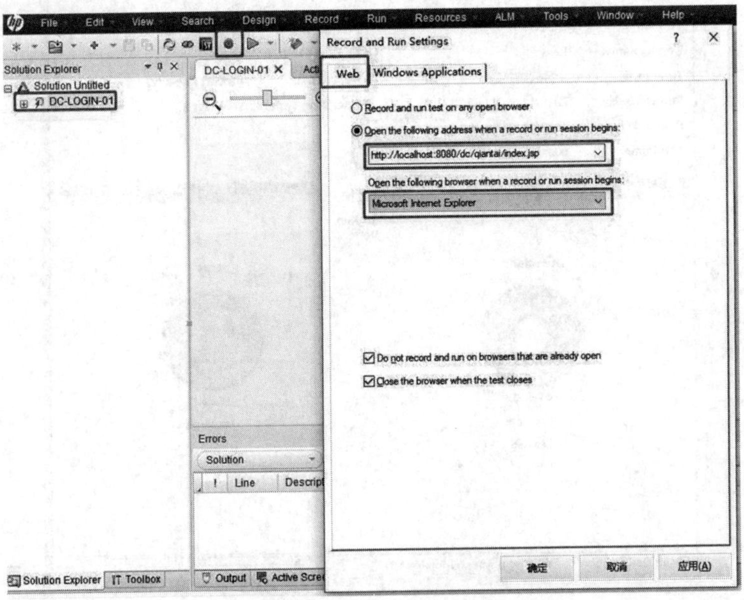

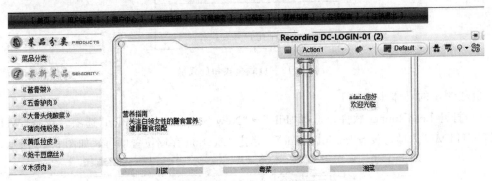

图 9.9 脚本录制设置

(3)单击"应用"及"确定"按钮，进入功能脚本录制状态，输入测试用例 DC_LOGIN-01 中的测试数据，完成第一个功能点的录制，如图 9.10 所示。

图 9.10 脚本录制执行

(4)按 F5 键或直接单击"回放"按钮，实现脚本回放，如图 9.11 所示。

3. 性能测试执行

性能测试是继功能测试之后的测试阶段，本节中，以性能测试中的负载测试为例，来演示其测试执行过程。之前以完成的负载测试用例中的场景如图 9.12 所示。

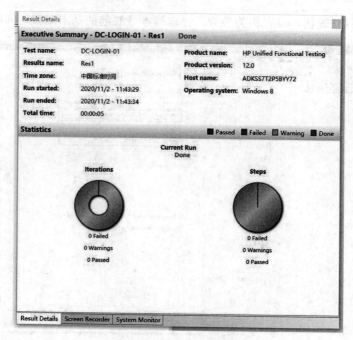

图 9.11　脚本回放结果

负载模式和负载量
30 个用户并发操作
50 个用户并发操作
120 个用户并发操作

图 9.12　负载模式和负载量

负载测试的具体步骤如下。

(1)打开 LoadRunner 软件,选择"File"→"New Script and Solution"选项,选择"Web－HTTP/HTML"选项,设置"Script Name",指定 Location 存储位置即可,如图 9.13 所示。

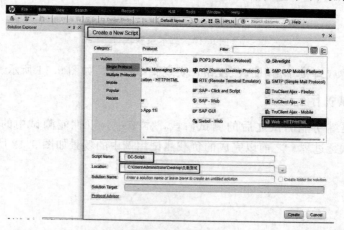

图 9.13　创建脚本

(2)单击"录制"按钮，设置相关参数，完成脚本录制前的基本配置，如图9.14所示。

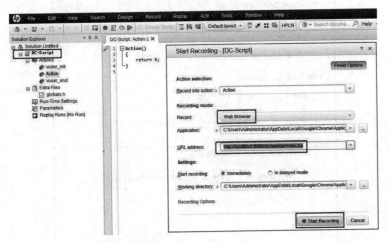

图9.14 录制脚本设置

(3)单击"录制"按钮，启动负载测试，进入被测系统，进行常规操作。录制过程中，操作需要将系统主要功能都覆盖，并保存该脚本，如图9.15所示。

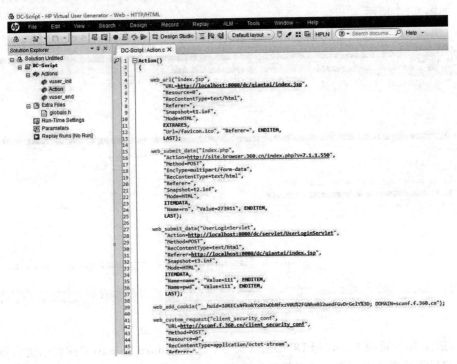

图9.15 完成脚本录制

(4)选择 Tools→Creat Controller Scenario 选项，设置第一组场景的虚拟用户数为30人，如图9.16所示。

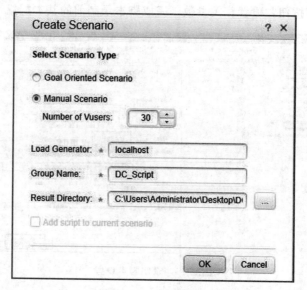

图 9.16　创建场景

(5)选择 Design 选项卡,设置第一组场景的 Start Vusers、Duration、Stop Vusers 等参数,如图 9.17 所示。

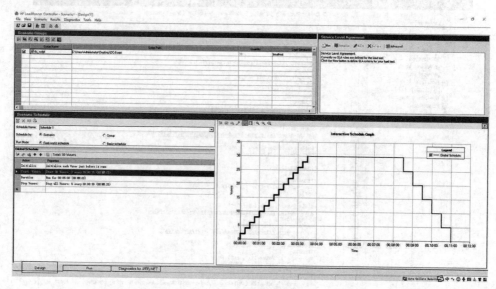

图 9.17　设置场景参数

(6)选择 Run 选项卡,选择 DC-Script 命令,单击"Start Scenario"按钮,进行场景运行,等待运行结束,保存第一组场景,如图 9.18、图 9.19、图 9.20 所示。

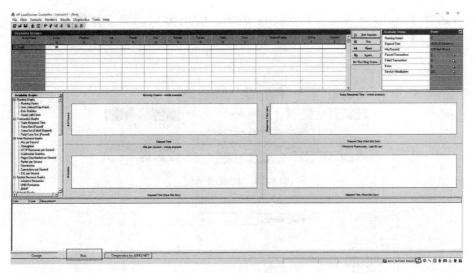

图 9.18　运行场景前

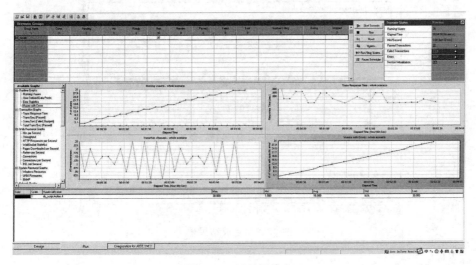

图 9.19　运行场景中

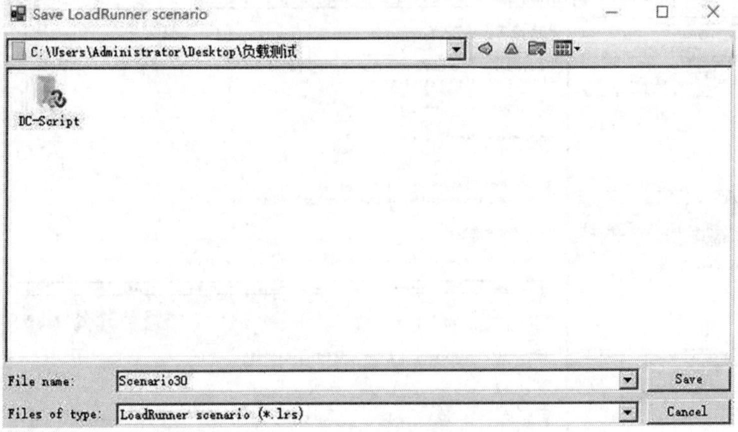

图 9.20　保存运行结果

（7）选择 Results→Analyze Results 选项，生成测试结果，如图 9.21、图 9.22、图 9.23 所示。

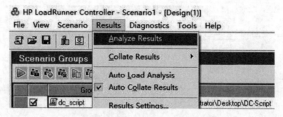

图 9.21　生成结果前

图 9.22　生成结果中

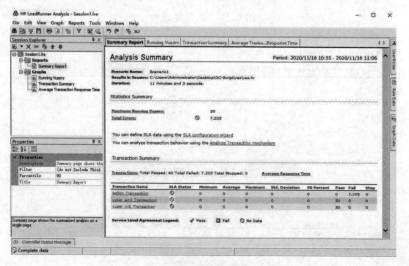

图 9.23　生成结果汇总

(8)保存生成的测试结果,如图 9.24 所示。

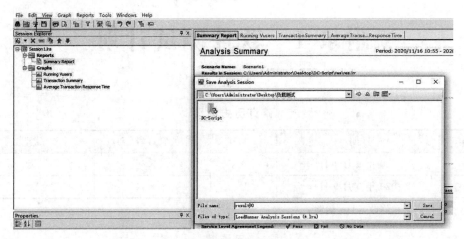

图 9.24　保存结果

至此,第一组,30 人虚拟用户的场景及生成结果完成。

然后重复(1)～(8),分别创建 50 人和 120 人场景,完成另外两组的负载测试,并保存结果。

9.3　测试报告

如同代码是程序员的成果之一,软件测试报告是测试人员的主要成果之一。一个好的软件测试报告建立在测试结果的基础之上,不仅要提供测试结果的实际数据,同时要对测试结果进行分析,发现产品中问题的本质,对产品质量进行准确的评估。通过本章的实战测试项目,详细说明一个软件测试报告究竟需要什么样的测试结果,需要对哪些结果进行归纳分析。

本项目的测试报告详见附件三。

9.4　本章小结

本章主要介绍了实战测试项目。学习本章后,应当做到以下几点。

(1)熟悉被测系统。

(2)理解测试过程。

(3)掌握测试计划编写。

(4)掌握测试用例设计。

(5)理解并掌握测试执行。

(6)掌握测试结果分析。

附录 1　软件测试计划

修订历史记录

版本	日期	AMD	修订者	说明
1.0	2020 年 9 月 1 日	A	×××	无
1.1	2020 年 9 月 9 日	D	×××	无

（A－添加，M－修改，D－删除）

目录

1. 简介 ……………………………………………………………………… 117
　　1.1 目的 ………………………………………………………………… 117
　　1.2 背景 ………………………………………………………………… 117
　　1.3 范围 ………………………………………………………………… 118
2. 测试参考文档和测试提交文档 …………………………………………… 118
　　2.1 测试参考文档 ……………………………………………………… 118
　　2.2 测试提交文档 ……………………………………………………… 119
3. 测试进度 …………………………………………………………………… 119
4. 测试资源 …………………………………………………………………… 119
　　4.1 人力资源 …………………………………………………………… 119
　　4.2 测试环境 …………………………………………………………… 120
　　4.3 测试工具 …………………………………………………………… 120
5. 系统风险、优先级 ………………………………………………………… 120
6. 测试策略 …………………………………………………………………… 120
　　6.1 数据和数据库完整性测试 ………………………………………… 121
　　6.2 接口测试 …………………………………………………………… 121
　　6.3 集成测试 …………………………………………………………… 121
　　6.4 功能测试 …………………………………………………………… 121
　　6.5 用户界面测试 ……………………………………………………… 122
　　6.6 性能评测 …………………………………………………………… 123
　　6.7 负载测试 …………………………………………………………… 123
　　6.8 强度测试 …………………………………………………………… 124
　　6.9 容量测试 …………………………………………………………… 125
　　6.10 安全性和访问控制测试 …………………………………………… 126
　　6.11 故障转移和恢复测试 ……………………………………………… 126

6.12 配置测试 ·· 128

6.13 安装测试 ·· 128

7. 问题严重度描述 ·· 129

8. 附录：项目任务 ·· 129

1. 简介

1.1　目的

对订餐系统项目中所有的软件测试活动，包括测试进度、资源、问题、风险，以及测试组和其他组间的协调等进行评估，总结测试活动的成功经验与不足，以便今后更好地开展测试工作。

(1)发现被测对象与用户需求之间的差异，即缺陷。

(2)通过测试活动发现并解决缺陷，增加人们对软件质量的信心。

(3)通过测试活动了解被测对象的质量状况，为决策提供数据依据。

(4)通过测试活动积累经验，预防缺陷出现，降低产品失败风险。

项目组小组成员：张敏、李强

测试人员组：陈超峰

提高软件质量是软件工程的重要目标之一。软件质量保证是重要的，软件测试是软件质量保证的重要内容。

网上订餐系统的"测试计划"文档有助于实现以下目标。

(1)确定现有项目的信息和应测试的软件构件。

(2)列出推荐的测试需求(高级需求)。

(3)推荐可采用的测试策略，并对这些策略加以说明。

(4)确定所需的资源，并对测试的工作量进行估计。

(5)列出测试项目的可交付元素。

1.2　背景

在线订餐系统是常见的 Web 类项目之一，本系统实现了用户管理、订餐搜索、订餐车管理、营养指南、在线留言等功能模块。本系统按照使用的流程，主要分为事先录入订餐记录、顾客点菜和用餐后结账三个主要部分。

事先录入订餐记录：记录顾客的相关个人信息、就餐的日期和时间段，选择就餐的区域和餐桌。预约当天顾客到达后，记录顾客到达。

顾客点菜：顾客可以在系统菜单中选择菜目，同时得知价格，用餐途中还可以继续增加消费。

用餐后结账：顾客用餐结束后，餐厅工作人员为其结账，并将餐桌置空。

以上是根据使用的流程，一个餐馆订餐系统所应有的基本功能，在此基础上，系统还添加了一些额外的但也是一个餐馆订餐系统必需的功能。

1.3 范围

测试组主要依据需求与设计说明书，对订餐系统进行功能测试。主要功能包括。

前台
1. 登录
2. 注册
3. 我的餐车
4. 我的订餐
5. 留言板
6. 用户中心

后台
1. 审查注册用户
2. 菜单管理
3. 今日菜单发布
4. 今日订单管理
5. 留言板的后台管理

2. 测试参考文档和测试提交文档

2.1 测试参考文档

下表列出了制订测试计划时所使用的文档，并标明了各文档的可用性。

[注：可适当地删除或添加文档项。]

文档 （版本/日期）	已创建或可用	已被接收或已经过复审	作者或来源	备注
可行性分析报告	是□ 否□	是□ 否□		
软件需求定义	是□ 否□	是□ 否□		
软件系统分析 （STD，DFD，CFD，DD）	是□ 否□	是□ 否□		
软件概要设计	是□ 否□	是□ 否□		
软件详细设计	是□ 否□	是□ 否□		
软件测试需求	是□ 否□	是□ 否□		
硬件可行性分析报告	是□ 否□	是□ 否□		
硬件需求定义	是□ 否□	是□ 否□		
硬件概要设计	是□ 否□	是□ 否□		
硬件原理图设计	是□ 否□	是□ 否□		
硬件结构设计(包含 PCB)	是□ 否□	是□ 否□		
FPGA 设计	是□ 否□	是□ 否□		
硬件测试需求	是□ 否□	是□ 否□		
PCB 设计	是□ 否□	是□ 否□		
USB 驱动设计	是□ 否□	是□ 否□		
Tuner BSP 设计	是□ 否□	是□ 否□		
MCU 设计	是□ 否□	是□ 否□		

续表

文档 （版本/日期）	已创建或可用	已被接收或已经过复审	作者或来源	备注
模块开发手册	是□ 否□	是□ 否□		
测试时间表及人员安排	是□ 否□	是□ 否□		
测试计划	是□ 否□	是□ 否□		
测试方案	是□ 否□	是□ 否□		
测试报告	是□ 否□	是□ 否□		
测试分析报告	是□ 否□	是□ 否□		
用户操作手册	是□ 否□	是□ 否□		
安装指南	是□ 否□	是□ 否□		

2.2 测试提交文档

测试计划书

测试用例

测试报告

3. 测试进度

测试活动	计划开始日期	实际开始日期	结束日期
制订测试计划	2020-9-17	2020-9-17	2020-9-24
设计测试	2020-9-24	2020-9-24	2010-10-1
集成测试	2020-10-1	2020-10-1	2020-10-8
系统测试	2020-10-8	2020-10-8	2020-10-15
性能测试	2020-10-15	2020-10-15	2020-10-22
安装测试	2020-10-22	2020-10-22	2020-10-29
用户验收测试	2020-10-29	2020-10-29	2020-11-5
对测试进行评估	2020-11-5	2020-11-5	2020-11-12
产品发布	2020-11-12	2020-11-12	2020-11-12

4. 测试资源

4.1 人力资源

下表列出了在此项目的人员配备方面所做的各种假定。

[注：可适当地删除或添加角色项。]

角色	所推荐的最少资源 （所分配的专职角色数量）	具体职责或注释
陈超峰		组长
陈志涵		成员

4.2　测试环境

下表列出了测试的系统环境

软件环境（相关软件、操作系统等）
操作系统：Windows10
相关软件：WPS 或 MS Office
硬件环境（网络、设备等）
处理器：Intel i7 及以上
内存容量：8GB
硬盘容量：128G＋1T

4.3　测试工具

下表将列出此项目测试使用的工具。

用途	工具	生产厂商/自产	版本
功能测试	HP UFT	惠普	12.00
负载测试	HP LoadRunner	惠普	12.00

5. 系统风险、优先级

简要描述测试阶段的风险和处理的优先级

6. 测试策略

测试策略提供了对测试对象进行测试的推荐方法。对于每种测试，都应提供测试说明，并解释其实施的原因。

制订测试策略时所考虑的主要事项有将要使用的技术以及判断测试何时完成的标准。

下面列出了在进行每项测试时需考虑的事项，除此之外，测试还只应在安全的环境中使用已知的、有控制的数据库来执行。

注意：不实施某种测试，则应该用一句话加以说明，并陈述理由。例如，将不实施该测试。该测试本项目不适用。

6.1 数据和数据库完整性测试

直接调用函数对参数进行直接赋值，模拟已连接状态，同时进行数据库的检验，测试是否确实进行了数据库操作。测试时直接创建 String 类型的 name 对象，然后进行有目的的赋值，执行后，观察是否有错误发生，并且检验数据库相应信息是否已经更改。

6.2 接口测试

测试目标	确保接口调用的正确性
测试范围	所有软件、硬件接口，记录输入输出数据
技术	
开始标准	
完成标准	
测试重点和优先级	
需考虑的特殊事项	接口的限制条件

6.3 集成测试

集成测试的主要目的是检测系统是否达到需求，对业务流程及数据流的处理是否符合标准，检测系统对业务流处理是否存在逻辑不严谨及错误，检测需求是否存在不合理的标准及要求。此阶段测试基于功能完成的测试。

测试目标	检测需求中业务流程，数据流的正确性
测试范围	需求中明确的业务流程，或组合不同功能模块而形成一个大的功能
技术	利用有效的和无效的数据来执行各个用例、用例流或功能，以核实以下内容。 在使用有效数据时得到预期的结果。 在使用无效数据时显示相应的错误消息或警告消息。 各业务规则都得到了正确的应用
开始标准	在完成某个集成测试时必须达到的标准
完成标准	所计划的测试已全部执行，所发现的缺陷已全部解决
测试重点和优先级	测试重点指在测试过程中需着重测试的地方，优先级可以根据需求及严重性来确定
需考虑的特殊事项	确定或说明那些将对功能测试的实施和执行造成影响的事项或因素（内部的或外部的）

6.4 功能测试

对测试对象的功能测试应侧重于所有可直接追踪到用例或业务功能和业务规则的测试需求。这种测试的目标是核实数据的接受、处理和检索是否正确，以及业务规则的实施是否恰当。此类测试基于黑盒技术，该技术通过图形用户界面(GUI)与应用程序进行交互，并对交互的输出或结果进行分析，以此来核实应用程序及其内部进程。以下为各种应用程序列出了推荐使用的测试概要。

测试目标	确保测试的功能正常，其中包括导航、数据输入、处理和检索等功能
测试范围	
技术	利用有效的和无效的数据来执行各个用例、用例流或功能，以核实以下内容。 在使用有效数据时得到预期的结果。 在使用无效数据时显示相应的错误消息或警告消息。 各业务规则都得到了正确的应用
开始标准	
完成标准	
测试重点和优先级	
需考虑的特殊事项	确定或说明那些将对功能测试的实施和执行造成影响的事项或因素(内部的或外部的)

6.5 用户界面测试

用户界面(UI)测试用于核实用户与软件之间的交互。UI测试的目的是确保用户界面会通过测试对象的功能来为用户提供相应的访问或浏览功能。另外，UI测试还可确保UI中的对象按照预期的方式运行，并符合公司或行业的标准。

测试目标	核实以下内容 通过测试进行的浏览可正确反映业务的功能和需求，这种浏览包括窗口与窗口之间、字段与字段之间的浏览，以及各种访问方法(Tab键、鼠标移动、和快捷键)的使用 窗口的对象和特征(例如，菜单、大小、位置、状态和中心)都符合标准
测试范围	
技术	为每个窗口创建或修改测试，以核实各个应用程序窗口和对象都可正确地进行浏览，并处于正常的对象状态
开始标准	
完成标准	成功地核实出各个窗口都与基准版本保持一致，或符合可接受标准
测试重点和优先级	
需考虑的特殊事项	并不是所有定制或第三方对象的特征都可访问

6.6 性能评测

性能评测是一种性能测试，它对响应时间、事务处理速率和其他与时间相关的需求进行评测和评估。性能评测的目的是核实性能需求是否都已满足。实施和执行性能评测的目的是将测试对象的性能行为当作条件（如工作量或硬件配置）的一种函数来进行评测和微调。

注：以下所说的事务是指"逻辑业务事务"。这种事务被定义为将由系统的某个 Actor 通过使用测试对象来执行的特定用例，添加或修改给定的合同。

测试目标	核实所指定的事务或业务功能在以下情况下的性能行为。 正常的预期工作量。 预期的最繁重工作量
测试范围	
技术	使用为功能或业务周期测试制订的测试过程。 通过修改数据文件来增加事务数量，或通过修改脚本来增加每项事务的迭代数量。 脚本应该在一台计算机上运行（最好是以单个用户、单个事务为基准），并在多个客户机（虚拟的或实际的客户机，请参见下面的"需要考虑的特殊事项"）上重复
开始标准	
完成标准	单个事务或单个用户：在每个事务所预期时间范围内成功地完成测试脚本，没有发生任何故障。 多个事务或多个用户：在可接受的时间范围内成功地完成测试脚本，没有发生任何故障
测试重点和优先级：	
需考虑的特殊事项	综合的性能测试还包括在服务器上添加后台工作量。可采用多种方法来执行此操作，其中包括。 直接将"事务强行分配到"服务器上，这通常以"结构化语言"（SQL）调用的形式来实现。 通过创建"虚拟的"用户负载来模拟多个（通常为数百个）客户机。此负载可通过远程终端仿真（Remote Terminal Emulation）工具来实现。此技术还可用于在网络中加载"流量"。 使用多台实际客户机（每台客户机都运行测试脚本）在系统上添加负载。 性能测试应该在专用的计算机上或在专用的时间内执行，以便实现完全的控制和精确的评测。 性能测试所用的数据库应该是实际大小或相同缩放比例的数据库

6.7 负载测试

负载测试是一种性能测试。在这种测试中，将使测试对象承担不同的工作量，以评测和评估测试对象在不同工作量条件下的性能行为，以及持续正常运行的能力。负载测试的目的是确定并确保系统在超出最大预期工作量的情况下仍能正常运行。此外，负载测试还要评估性能特征，例如，响应时间、事务处理速率和其他与时间相关的方面。

注：以下所说的事务是指"逻辑业务事务"。事务被定义为将由系统的某个最终用户通过使用应用程序来执行的特定功能，例如，添加或修改给定的合同。

测试目标	核实所指定的事务或商业理由在不同的工作量条件下的性能行为时间
测试范围	
技术	使用为功能或业务周期测试制订的测试。 通过修改数据文件来增加事务数量，或通过修改脚本来增加每项事务发生的次数
开始标准	
完成标准	多个事务或多个用户：在可接受的时间范围内成功地完成测试，没有发生任何故障
测试重点和优先级	
需考虑的特殊事项	负载测试应该在专用的计算机上或在专用的机时内执行，以便实现完全的控制和精确的评测。 负载测试所用的数据库应该是实际大小或相同缩放比例的数据库

6.8　强度测试

强度测试是一种性能测试，实施和执行此类测试的目的是找出因资源不足或资源争用而导致的错误。如果内存或磁盘空间不足，测试对象就可能会表现出一些在正常条件下并不明显的缺陷。而其他缺陷则可能是由于争用共享资源（如数据库锁或网络带宽）而造成的。强度测试还可用于确定测试对象能够处理的最大工作量。

注：以下提到的事务都是指"逻辑业务事务"。

测试目标	核实测试对象能够在以下强度条件下正常运行，不会出现任何错误。 服务器上几乎没有或根本没有可用的内存（RAM 和 DASD）。 连接或模拟了最大实际（实际允许）数量的客户机。 多个用户对相同的数据或账户执行相同的事务。 最繁重的事务量或最差的事务组合（请参见上面的"性能测试"）。 注：强度测试的目标可表述为确定和记录那些使系统无法继续正常运行的情况或条件。 客户机的强度测试在"配置测试"的第 3.1.11 节中进行了说明
测试范围	
技术	使用为性能评测或负载测试制订的测试。 要对有限的资源进行测试，就应该在一台计算机上运行测试，而且应该减少或限制服务器上的 RAM 和 DASD。 对于其他强度测试，应该使用多台客户机来运行相同的测试或互补的测试，以产生最繁重的事务量或最差的事务组合

续表

开始标准	
完成标准	所计划的测试已全部执行，并且在达到或超出指定的系统限制时没有出现任何软件故障，或者导致系统出现故障条件的并不在指定的条件范围之内
测试重点和优先级	
需考虑的特殊事项	如果要增加网络工作强度，可能会需要使用网络工具来给网络加载消息或信息包。 应该暂时减少用于系统的 DASD，以限制数据库可用空间的增长。 使多个客户机对相同的记录或数据账户同时进行的访问达到同步

6.9 容量测试

容量测试使测试对象处理大量的数据，以确定是否达到了将使软件发生故障的极限。容量测试还将确定测试对象在给定的时间内能够持续处理的最大负载或工作量。例如，如果测试对象正在为生成一份报表而处理一组数据库记录，那么容量测试就会使用一个大型的测试数据库。检验该软件是否正常运行并生成了正确的报表。

测试目标	核实测试对象在以下高容量条件下能否正常运行。 连接或模拟了最大(实际或实际允许)数量的客户机，所有客户机在长时间内执行相同的且情况(性能)最坏的业务功能。 已达到最大的数据库大小(实际的或按比例缩放的)，而且同时执行多个查询或报表事务
测试范围	
技术	使用为性能评测或负载测试制订的测试。 应该使用多台客户机来运行相同的测试或互补的测试，以便在长时间内产生最繁重的事务量或最差的事务组合(请参见上面的"强度测试")。 创建最大的数据库(实际的、按比例缩放的，或填充了代表性数据的数据库)，并使用多台客户机在长时间内同时运行查询和报表事务
开始标准	
完成标准	所计划的测试已全部执行，而且达到或超出指定的系统限制时没有出现任何软件故障
测试重点和优先级	
需考虑的特殊事项	对于上述的高容量条件，哪个时间段是可以接受的时间

6.10 安全性和访问控制测试

安全性和访问控制测试侧重于安全性的两个关键方面，分别为应用程序级别的安全性和系统级别的安全性。应用程序级别的安全性，包括对数据或业务功能的访问；系统级别的安全性，包括对系统的登录或远程访问。

应用程序级别的安全性可确保在预期的安全性情况下，Actor 只能访问特定的功能、用例，或者只能访问有限的数据。例如，可能会允许所有人输入数据，创建新账户，但只有管理员才能删除这些数据或账户。如果具有数据级别的安全性，测试就可确保"用户类型一"能够看到所有客户消息（包括财务数据），而"用户二"看见同一客户的统计数据。

系统级别的安全性可确保只有具备系统访问权限的用户才能访问应用程序，而且只能通过相应的网关来访问。

测试目标	应用程序级别的安全性：核实 Actor 只能访问其所属用户类型已被授权访问的功能或数据。 系统级别的安全性：核实只有具备系统和应用程序访问权限的 Actor 才能访问系统和应用程序
测试范围	
技术	应用程序级别的安全性：确定并列出各用户类型及其被授权访问的功能或数据。 为各用户类型创建测试，并通过创建各用户类型所特有的事务来核实其权限。 修改用户类型并为相同的用户重新运行测试。对于每种用户类型，确保正确地提供或拒绝这些附加的功能或数据。 系统级别的访问：请参见以下的"需考虑的特殊事项"
开始标准	
完成标准	各种已知的 Actor 类型都可访问相应的功能或数据，而且所有事务都按照预期的方式运行，并在先前的应用程序功能测试中运行了所有的事务
测试重点和优先级	
需考虑的特殊事项	必须与相应的网络或系统管理员保持对系统访问权进行检查和讨论。由于此测试可能是网络管理员系统管理的职能，可能会不需要执行此测试

6.11　故障转移和恢复测试

故障转移和恢复测试可确保测试对象能成功完成转移，并能从导致意外数据损失或数据完整性破坏的各种硬件、软件的网络故障中恢复。

故障转移测试可确保对于必须持续运行的系统，一旦发生故障，备用系统就将不失时机地"顶替"发生故障的系统，以避免丢失任何数据或事务。

恢复测试是一种对抗性的测试过程。在这种测试中，将把应用程序或系统置于极端的条件下（或者是模拟的极端条件下），以产生故障（如设备输入/输出（I/O）故障或无效的数据库指针和关键字）。然后调用恢复进程并监测和检查应用程序和系统，核实应用程序或系统和数据已得到了正确的恢复。

测试目标	确保恢复进程(手工或自动)将数据库、应用程序和系统正确地恢复到预期的已知状态。 测试中将包括以下各种情况。 客户机断电。 服务器断电。 通过网络服务产生的通信中断。 DASD 和/或 DASD 控制器被中断、断电或与 DASD 和/或 DASD 控制器的通信中断。 周期未完成(数据过滤进程被中断,数据同步进程被中断)。 数据库指针或关键字无效。 数据库中的数据元素无效或遭到破坏
测试范围	
技术	应该使用为功能和业务周期测试创建的测试来创建一系列的事务。一旦达到预期的测试起点,就应该分别执行或模拟以下操作。 客户机断电:关闭 PC 电源。 服务器断电:模拟或启动服务器的断电过程。 通过网络服务器产生的中断:模拟或启动网络的通信中断(实际断开通信线路的连接或关闭网络服务器或路由器的电源)。 DASD 和 DASD 控制器被中断、断电或与 DASD 和 DASD 控制器的通信中断:模拟与一个或多个 DASD 控制器或设备的通信,或实际取消这种通信。 一旦实现了上述情况(或模拟情况),就应该执行其他事务。而且当达到第二个测试点状态时,就应调用恢复过程。 在测试不完整周期时,所使用的技术与上述技术相同,只不过应异常终止或提前终止数据库进程本身。 对以下情况的测试需要达到一个已知的数据库状态。当破坏若干个数据库字段、指针和关键字时,应该以手工方式在数据库中(通过数据库工具)直接进行。其他事务应该通过使用"应用程序功能测试"和"业务周期测试"中的测试来执行,并且应执行完整的周期
开始标准	
完成标准	在所有上述情况中,应用程序、数据库和系统应该在恢复过程完成时,立即返回到一个已知的预期状态。此状态包括仅限于已知损坏的字段、指针或关键字范围内的数据损坏,以及表明进程或事务因中断而未被完成的报表
测试重点和优先级	
需考虑的特殊事项	恢复测试会给其他操作带来许多的麻烦。断开缆线连接的方法(模拟断电或通信中断)可能并不可取或不可行。因此可能会需要采用其他方法,例如,诊断性软件工具。 需要系统(或计算机操作)、数据库和网络组中的资源。 这些测试应该在工作时间之外或在一台独立的计算机上运行

6.12 配置测试

配置测试是核实测试对象在不同的软件和硬件配置中的运行情况。在大多数生产环境中，客户机工作站、网络连接和数据库服务器的具体硬件规格会有所不同。客户机工作站可能会安装不同的软件。例如，应用程序、驱动程序等，而且在任何时候，都可能运行许多不同的软件组合，从而占用不同的资源。

测试目标	核实测试可在所需的硬件和软件配置中正常运行
测试范围	
技术	使用功能测试脚本。 在测试过程中或在测试开始之前，打开各种与非测试对象相关的软件（如 Microsoft 应用程序：Excel 和 Word），然后将其关闭。 执行所选的事务，以模拟 Actor 与测试对象软件和非测试对象软件之间的交互。 重复上述步骤，尽量减少客户机工作站上的常规可用内存
开始标准	
完成标准	对于测试对象软件和非测试对象软件的各种组合，所有事务都成功完成，没有出现任何故障
测试重点和优先级	
需考虑的特殊事项	需要使用并可以通过桌面访问哪种非测试对象软件？ 通常使用的是哪些应用程序？ 应用程序正在运行什么数据？例如，在 Excel 中打开的大型电子表格，或是在 Word 中打开的 100 页文档。 作为此测试的一部分，应将整修系统、Netware、网络服务器、数据库等都记录下来

6.13 安装测试

安装测试有两个目的。第一个目的是确保该软件在正常情况和异常情况的不同条件下（例如，进行首次安装、升级、完整的或自定义的安装）都能进行安装。异常情况包括磁盘空间不足、缺少目录创建权限等。第二个目的是核实软件在安装后可立即正常运行。这通常是指运行大量为功能测试制订的测试。

测试目标	核实在以下情况下，测试对象可正确地安装到各种所需的硬件配置中。 首次安装。以前从未安装过项目名称的新计算机。 更新。以前安装过相同版本的项目名称的计算机。 更新。以前安装过项目名称的较早版本的计算机
测试范围	

技术	手工开发脚本或开发自动脚本，以验证目标计算机的状况，首次安装项目名称，从未安装过；项目名称安装过相同或较早的版本。 启动或执行安装。 使用预先确定的功能测试脚本子集来运行事务
开始标准：	
完成标准	项目名称事务成功执行，没有出现任何故障
测试重点和优先级	
需考虑的特殊事项	应该选择项目名称的哪些事务才能准确地测试出项目名称应用程序已经成功安装，而且没有遗漏主要的软件构件

7. 问题严重度描述

问题严重度	描述	响应时间
高	例如，使系统崩溃	程序员在多长时间内改正此问题
中		
低		

8. 附录：项目任务

以下是一些与测试有关的任务。
(1)制订测试计划
- 确定测试需求
- 评估风险
- 制订测试策略
- 确定测试资源
- 创建时间表
- 生成测试计划
(2)设计测试
- 准备工作量分析文档
- 确定并说明测试用例
- 确定测试过程，并建立测试过程的结构
(3)复审和评估测试覆盖
(4)实施测试
- 记录或通过编程创建测试脚本

- 确定设计与实施模型中的测试专用功能
- 建立外部数据集

(5)执行测试

(6)执行测试过程

(7)评估测试的执行情况

(8)恢复暂停的测试

(9)核实结果

(10)调查意外结果

(11)记录缺陷

(12)对测试进行评估

(13)评估测试用例覆盖

(14)评估代码覆盖

(15)分析缺陷

(16)确定是否达到了测试完成标准与成功标准

附录 2　软件测试用例

修订历史记录

版本	日期	AMD	修订者	说明
1.0	2020 年 9 月 1 日	A	×××	无
1.1	2020 年 9 月 9 日	D	×××	无

（A—添加，M—修改，D—删除）

项目/软件	在线订餐系统	版本	V1.0
作者	×××	功能模块名	LOGIN 模块
用例编号	DC-LOGIN-01	编制人	×××
修改历史		编制时间	2020-10-20
功能特性	测试该系统登录模块，登录模块实现权限管理		
测试目的	在不同的登录条件下，测试系统登录模块实现的情况		
预置条件	输入正确的用户名和正确的密码		
测试数据	用户名：admin 密码：123		
操作描述	1. 打开浏览器(IE、火狐、谷歌) 2. 输入 URL 地址 3. 点击"登录"按钮 4. 输入正确的用户名和正确的密码		
期望结果	登录成功，进入系统主界面，可实现权限内的操作		
实际结果	登录成功，进入系统主界面，可实现权限内的操作		
测试人员	×××	开发人员	测试日期	2020-10-20

项目/软件	在线订餐系统	版本	V1.0
作者	×××	功能模块名	LOGIN 模块
用例编号	DC-LOGIN-02	编制人	×××
修改历史		编制时间	2020-10-20
功能特性	测试该系统登录模块，当密码不正确时，系统阻止登录		
测试目的	在不同的登录条件下，测试系统登录模块实现的情况		

预置条件	输入正确的用户名和错误的密码		
测试数据	用户名：admin 密码：002		
操作描述	在浏览器(需考虑浏览器的兼容性，可能需要在多个浏览器测试，如 IE、火狐、谷歌等)中打开在线订餐系统，单击登录模块，输入用户名和密码		
期望结果	登录失败，系统提示密码错误信息，无法完成订餐等权限内操作		
实际结果	登录失败，系统提示密码错误信息，无法完成订餐等权限内操作		
测试人员	×××	开发人员	测试日期　2020-10-20

项目/软件	在线订餐系统	版本	V1.0
作者	×××	功能模块名	LOGIN 模块
用例编号	DC-LOGIN-03	编制人	×××
修改历史		编制时间	2020-10-20
功能特性	测试该系统登录模块，当用户名不正确时，系统阻止登录		
测试目的	在不同的登录条件下，测试系统登录模块实现的情况		
预置条件	输入错误的用户名和正确的密码		
测试数据	用户名：001　密码：123		
操作描述	在浏览器(需考虑浏览器的兼容性，可能需要多个浏览器测试，如 IE、火狐、谷歌等)中打开在线订餐系统，单击登录模块，输入用户名和密码		
期望结果	登录失败，系统提示用户名或密码错误，无法完成订餐等权限内操作		
实际结果	登录失败，系统提示用户名或密码错误，无法完成订餐等权限内操作		
测试人员	×××	开发人员	测试日期　2020-10-20

项目/软件	在线订餐系统	版本	V1.0
作者	×××	功能模块名	LOGIN 模块
用例编号	DC-LOGIN-04	编制人	×××
修改历史		编制时间	2020-10-20
功能特性	测试该系统登录模块，当用户名和密码都不正确时，系统阻止登录		
测试目的	在不同的登录条件下，测试系统登录模块实现的情况		
预置条件	输入错误的用户名和错误的密码		
测试数据	用户名：001 密码：123444		
操作描述	在浏览器(需考虑浏览器的兼容性，可能需要多个浏览器测试，如 IE、火狐、谷歌等)中打开在线订餐系统，单击登录模块，输入用户名和密码		

续表

期望结果	登录失败，系统提示用户名或密码错误，无法完成订餐等权限内操作			
实际结果	登录失败，系统提示用户名或密码错误，无法完成订餐等权限内操作			
测试人员	×××	开发人员	测试日期	2020-10-20

项目/软件	在线订餐系统	版本	V1.0
作者	×××	功能模块名	LOGIN 模块
用例编号	DC-LOGIN-05	编制人	×××
修改历史		编制时间	2020-10-20
功能特性	测试该系统登录模块，当用户名不正确时，系统阻止登录		
测试目的	在不同的登录条件下，测试系统登录模块实现的情况		
预置条件	输入错误的用户名和正确的密码		
测试数据	用户名：001 密码：123		
操作描述	在浏览器(需考虑浏览器的兼容性，可能需要多个浏览器测试，如 IE、火狐、谷歌等)中打开在线订餐系统，单击登录模块，输入用户名和密码		
期望结果	登录失败，系统提示用户名或密码错误，无法完成订餐等权限内操作		
实际结果	登录失败，系统提示用户名或密码错误，无法完成订餐等权限内操作		
测试人员	×××　开发人员	测试日期	2020-10-20

项目/软件	在线订餐系统	版本	V1.0
作者	×××	功能模块名	找回密码
用例编号	DC-PWD-01	编制人	×××
修改历史		编制时间	2020-10-20
功能特性	测试找回密码模块		
测试目的	忘记密码时，可重新设置密码		
预置条件	输入正确用户名，错误密码		
测试数据	用户名：admin 重置密码：12345		
操作描述	1. 打开浏览器 2. 输入 URL 地址 3. 在网页中单击"找回密码"按钮 4. 输入信息，重置密码 5. 单击"提交"按钮		

期望结果	重置密码并登录成功			
实际结果	重置密码并登录成功			
测试人员	×××	开发人员		测试日期	2020-10-20

项目/软件	在线订餐系统	版本	V1.0
作者	×××	功能模块名	找回密码
用例编号	DC-PWD-02	编制人	×××
修改历史		编制时间	2020-10-20
功能特性	测试找回密码模块		
测试目的	信息填写错误，不可重新设置密码		
预置条件	输入错误的电子邮箱，其他填写正确		
测试数据	电子邮箱：123 用户名：admin 重置密码：12345		
操作描述	1. 打开浏览器 2. 输入 URL 地址 3. 在网页中单击"找回密码"按钮 4. 输入错误邮箱信息，重置密码 5. 单击"提交"按钮		
期望结果	重置密码错误，提示电子邮箱或用户名错误		
实际结果	提示电子邮箱或用户名错误		
测试人员	×××　 开发人员	测试日期	2020-10-20

项目/软件	在线订餐系统	版本	V1.0
作者	×××	功能模块名	找回密码
用例编号	DC-PWD-03	编制人	×××
修改历史		编制时间	2020-10-20
功能特性	测试找回密码模块		
测试目的	信息填写错误，不可重新设置密码		
预置条件	输入错误的用户名，其他填写正确		
测试数据	电子邮箱：123456@qq.com 用户名：hyp 重置密码：12345		

续表

操作描述	1. 打开浏览器
	2. 输入 URL 地址
	3. 在网页中单击"找回密码"按钮
	4. 输入错误用户名，重置密码
	5. 单击"提交"按钮

期望结果	重置密码错误，提示电子邮箱或用户名错误
实际结果	提示电子邮箱或用户名错误

测试人员	×××	开发人员		测试日期	2020-10-20

项目/软件	在线订餐系统		版本	V1.0
作者	×××		功能模块名	留言模块
用例编号	DC-LEAVEWORW-01		编制人	×××
修改历史			编制时间	2020-10-20
功能特性	测试系统的留言模块			
测试目的	在不同的登录条件下，测试系统留言模块实现的情况			
预置条件	用户登录成功			
测试数据	用户名：admin 密码：12345			
操作描述	1. 打开浏览器 2. 输入网址 3. 点击登录，输入正确的用户名和密码 4. 单击在线留言 5. 输入留言标题和留言内容			
期望结果	留言成功			
实际结果	留言成功			

测试人员	×××	开发人员		测试日期	2020-10-20

项目/软件	在线订餐系统		版本	V1.0
作者	×××		功能模块名	留言模块
用例编号	DC-LEAVEWORW-02		编制人	×××
修改历史			编制时间	2020-10-20
功能特性	测试系统的留言模块			
测试目的	在不同的登录条件下，测试系统留言模块实现的情况			

续表

预置条件	用户注销状态		
测试数据	Null		
操作描述	1. 打开浏览器 2. 输入网址 3. 单击在线留言 4. 输入留言标题和留言内容		
期望结果	留言失败，提示未登录不能留言		
实际结果	留言失败		
测试人员	××× 开发人员	测试日期	2020-10-20

项目/软件	在线订餐系统	版本	V1.0
作者	×××	功能模块名	搜索模块
用例编号	DC-SEARCH-01	编制人	×××
修改历史		编制时间	2020-10-20
功能特性	测试系统搜索模块		
测试目的	在不同的登录条件下，测试系统搜索模块实现的情况		
预置条件	登录成功		
测试数据	用户名：hyp 密码：1234		
操作描述	1. 打开浏览器 2. 输入网址 3. 单击"登录"按钮，输入正确的用户名和密码 4. 单击"订餐搜索"按钮 5. 单击"搜索"按钮		
期望结果	在已经登录的情况下，可成功搜索到商品		
实际结果	在已经登录的情况下，可成功搜索到商品		
测试人员	××× 开发人员	测试日期	2020-10-20

项目/软件	在线订餐系统	版本	V1.0
作者	×××	功能模块名	搜索模块
用例编号	DC-SEARCH-02	编制人	×××
修改历史		编制时间	2020-10-20
功能特性	测试系统搜索模块		
测试目的	在不同的登录条件下，测试系统搜索模块实现的情况		

续表

预置条件	未登录			
测试数据	Null			
操作描述	1. 打开浏览器 2. 输入网址 3. 单击"订餐搜索"按钮 4. 单击"搜索"按钮			
期望结果	未登录状态下不能搜索			
实际结果	未登录状态下不能搜索			
测试人员	×××	开发人员	测试日期	2020-10-20

项目/软件	在线订餐系统	版本	V1.0
作者	×××	功能模块名	REGISTER 模块
用例编号	DC-REGISTER-01	编制人	×××
修改历史		编制时间	2020-10-20
功能特性	测试该系统注册模块，注册模块实现注册功能		
测试目的	在未登录条件下，测试系统注册功能模块实现的情况		
预置条件	全部信息正确		
测试数据	用户名：hyp 密码：123456 确认密码：123456 真实姓名：××× 性别：女 年龄：18 身份证号：30522199810226653 家庭住址：厦门 电话号码：15258591234 电子邮件：1525859@qq．com 邮政编码：361054		
操作描述	1. 打开浏览器(IE、火狐、谷歌) 2. 输入 URL 地址 3. 单击"注册"按钮 4. 全部信息格式正确		
期望结果	提示注册成功		
实际结果	提示注册成功		

测试人员	×××	开发人员		测试日期	2020-10-20

项目/软件	在线订餐系统	版本	V1.0
作者	×××	功能模块名	REGISTER 模块
用例编号	DC-REGISTER-02	编制人	×××
修改历史		编制时间	2020-10-20
功能特性	测试该系统注册模块，注册模块实现注册功能		
测试目的	在未登录条件下，测试系统注册功能模块实现的情况		
预置条件	其他信息正确，密码小于 5 个字符		
测试数据	用户名：hyp 密码：123 确认密码：123 真实姓名：hyp 性别：女 年龄：18 身份证号：30522199810226653 家庭住址：厦门 电话号码：15258591234 电子邮件：1525859@qq.com 邮政编码：361054		
操作描述	1. 打开浏览器(IE、火狐、谷歌) 2. 输入 URL 地址 3. 单击"注册"按钮 4. 输入小于 5 个字符的密码，其他信息正确		
期望结果	提示密码格式错误，重新输入密码		
实际结果	注册成功，返回首页		
测试人员	×××	开发人员	测试日期 2020-10-20

项目/软件	在线订餐系统	版本	V1.0
作者	×××	功能模块名	REGISTER 模块
用例编号	DC-REGISTER-03	编制人	×××
修改历史		编制时间	2020-10-20
功能特性	测试该系统注册模块，注册模块实现注册功能		
测试目的	在未登录条件下，测试系统注册功能模块实现的情况		
预置条件	其他信息正确，密码大于 16 个字符		
测试数据	用户名：hyp 密码：12345678900987654321 确认密码：12345678900987654321 真实姓名：hyp		

测试数据	性别：女 年龄：18 身份证号：30522199810226653 家庭住址：厦门 电话号码：15258591234 电子邮件：1525859@qq．com 邮政编码：361054			
操作描述	1. 打开浏览器(IE、火狐、谷歌) 2. 输入 URL 地址 3. 单击"注册"按钮 4. 输入大于 16 个字符的密码，其他信息正确			
期望结果	提示密码格式错误，重新输入密码			
实际结果	注册成功，返回首页			
测试人员	×××	开发人员	测试日期	2020-10-20

项目/软件	在线订餐系统	版本	V1.0
作者	×××	功能模块名	REGISTER 模块
用例编号	DC-REGISTER-04	编制人	×××
修改历史		编制时间	2020-10-20
功能特性	测试该系统注册模块，注册模块实现注册功能		
测试目的	在未登录条件下，测试系统注册功能模块实现的情况		
预置条件	其他信息正确，密码输入不一致		
测试数据	用户名：hyp 密码：123456 确认密码：123456 真实姓名：hyp 性别：女 年龄：18 身份证号：30522199810226653 家庭住址：厦门 电话号码：15258591234 电子邮件：1525859@qq．com 邮政编码：361054		
操作描述	1. 打开浏览器(IE、火狐、谷歌) 2. 输入 URL 地址 3. 单击"注册"按钮 4. 密码输入不一致，其他信息正确		

期望结果	提示密码不一致，重新输入密码			
实际结果	提示密码不一致，重新输入密码			
测试人员	×××　开发人员		测试日期	2020-10-20

项目/软件	在线订餐系统	版本	V1.0
作者	×××	功能模块名	REGISTER 模块
用例编号	DC-REGISTER-05	编制人	×××
修改历史		编制时间	2020-10-20
功能特性	测试该系统注册模块，注册模块实现注册功能		
测试目的	在未登录条件下，测试系统注册功能模块实现的情况		
预置条件	其他信息正确，真实姓名输入数字		
测试数据	用户名：hyp 密码：123456 确认密码：123456 真实姓名：12345678900987654321 性别：女 年龄：18 身份证号：30522199810226653 家庭住址：厦门 电话号码：15258591234 电子邮件：1525859@qq.com 邮政编码：361054		
操作描述	1. 打开浏览器(IE、火狐、谷歌) 2. 输入 URL 地址 3. 单击"注册"按钮 4. 真实姓名输入数字，其他信息正确		
期望结果	提示请输入真实姓名		
实际结果	注册成功		
测试人员	×××　开发人员	测试日期	2020-10-20

项目/软件	在线订餐系统	版本	V1.0
作者	×××	功能模块名	REGISTER 模块
用例编号	DC-REGISTER-06	编制人	×××
修改历史		编制时间	2020-10-20
功能特性	测试该系统注册模块，注册模块实现注册功能		
测试目的	在未登录条件下，测试系统注册功能模块实现的情况		

续表

预置条件	其他信息正确，真实姓名输入字母			
测试数据	用户名：hyp 密码：123456 确认密码：123456 真实姓名：hhhhhhh 性别：女 年龄：18 身份证号：30522199810226653 家庭住址：厦门 电话号码：15258591234 电子邮件：1525859@qq.com 邮政编码：361054			
操作描述	1. 打开浏览器(IE、火狐、谷歌) 2. 输入URL地址 3. 单击"注册"按钮 4. 真实姓名输入字母，其他信息正确			
期望结果	提示请输入真实姓名			
实际结果	注册成功			
测试人员	×××	开发人员	测试日期	2020-10-20

项目/软件	在线订餐系统	版本	V1.0
作者	×××	功能模块名	REGISTER模块
用例编号	DC-REGISTER-07	编制人	×××
修改历史		编制时间	2020-10-20
功能特性	测试该系统注册模块，注册模块实现注册功能		
测试目的	在未登录条件下，测试系统注册功能模块实现的情况		
预置条件	其他信息正确，真实姓名输入符号		
测试数据	用户名：hyp 密码：123456 确认密码：123456 真实姓名：00000 性别：女 年龄：18 身份证号：30522199810226653 家庭住址：厦门 电话号码：15258591234 电子邮件：1525859@qq.com 邮政编码：361054		

操作描述	1. 打开浏览器(IE、火狐、谷歌) 2. 输入 URL 地址 3. 单击"注册"按钮 4. 真实姓名输入符号，其他信息正确			
期望结果	提示请输入真实姓名			
实际结果	注册成功			
测试人员	×××	开发人员	测试日期	2020-10-20

项目/软件	在线订餐系统	版本	V1.0
作者	×××	功能模块名	REGISTER 模块
用例编号	DC-REGISTER-08	编制人	×××
修改历史		编制时间	2020-10-20
功能特性	测试该系统注册模块，注册模块实现注册功能		
测试目的	在未登录条件下，测试系统注册功能模块实现的情况		
预置条件	其他信息正确，真实姓名输入乱码		
测试数据	用户名：hyp 密码：123456 确认密码：123456asd 真实姓名：♯@♯@！@ 性别：女 年龄：18 身份证号：30522199810226653 家庭住址：厦门 电话号码：15258591234 电子邮件：1525859@qq.com 邮政编码：361054		
操作描述	1. 打开浏览器(IE、火狐、谷歌) 2. 输入 URL 地址 3. 单击"注册"按钮 4. 真实姓名输入乱码，其他信息正确		
期望结果	提示请输入真实姓名		
实际结果	注册成功		

测试人员	×××	开发人员	测试日期	2020-10-20

项目/软件	在线订餐系统		版本	V1.0	
作者	×××		功能模块名	REGISTER 模块	
用例编号	DC-REGISTER-09		编制人	×××	
修改历史			编制时间	2020-10-20	
功能特性	测试该系统注册模块，注册模块实现注册功能				
测试目的	在未登录条件下，测试系统注册功能模块实现的情况				
预置条件	其他信息正确，年龄输入字母				
测试数据	用户名：hyp 密码：123456 确认密码：123456 真实姓名：hyp 性别：女 年龄：hhh 身份证号：30522199810226653 家庭住址：厦门 电话号码：15258591234 电子邮件：1525859@qq.com 邮政编码：361054				
操作描述	1. 打开浏览器(IE、火狐、谷歌) 2. 输入 URL 地址 3. 单击"注册"按钮 4. 身份证号输入字母，其他信息正确				
期望结果	请输入正确年龄				
实际结果	注册成功				
测试人员	×××	开发人员		测试日期	2020-10-20

项目/软件	在线订餐系统	版本	V1.0
作者	×××	功能模块名	REGISTER 模块
用例编号	DC-REGISTER-10	编制人	×××
修改历史		编制时间	2020-10-20
功能特性	测试该系统注册模块，注册模块实现注册功能		
测试目的	在未登录条件下，测试系统注册功能模块实现的情况		
预置条件	其他信息正确，身份证号输入字母		
测试数据	用户名：hyp 密码：123456 确认密码：123456asd 真实姓名：hyp		

测试数据	性别：女 年龄：12 身份证号：sfdgfhgjh 家庭住址：厦门 电话号码：15258591234 电子邮件：1525859@qq. com 邮政编码：361054			
操作描述	1. 打开浏览器(IE、火狐、谷歌) 2. 输入 URL 地址 3. 单击"注册"按钮 4. 输入格式错误的身份证号，其他信息正确			
期望结果	请输入正确身份证号			
实际结果	注册成功			
测试人员	×××　　　　开发人员		测试日期	2020-10-20

项目/软件	在线订餐系统	版本	V1.0
作者	×××	功能模块名	REGISTER 模块
用例编号	DC-REGISTER-12	编制人	×××
修改历史		编制时间	2020-10-20
功能特性	测试该系统注册模块，注册模块实现注册功能		
测试目的	在未登录条件下，测试系统注册功能模块实现的情况		
预置条件	其他信息正确，身份证号格式错误		
测试数据	用户名：hyp 密码：123456 确认密码：123456 真实姓名：hyp 性别：女 年龄：12 身份证号：123 家庭住址：厦门 电话号码：152－585－91234 电子邮件：1525859@qq.com 邮政编码：361054		
操作描述	1. 打开浏览器(IE、火狐、谷歌) 2. 输入 URL 地址 3. 单击"注册"按钮 4. 输入格式错误的身份证号，其他信息正确		

续表

期望结果	请输入正确身份证号			
实际结果	注册成功			
测试人员	×××	开发人员	测试日期	2020-10-20

项目/软件	在线订餐系统	版本	V1.0	
作者	×××	功能模块名	REGISTER 模块	
用例编号	DC-REGISTER-13	编制人	×××	
修改历史		编制时间	2020-10-20	
功能特性	测试该系统注册模块，注册模块实现注册功能			
测试目的	在未登录条件下，测试系统注册功能模块实现的情况			
预置条件	其他信息正确，电话号码格式错误			
测试数据	用户名：hyp 密码：123456 确认密码：123456 真实姓名：hyp 性别：女 年龄：hhh 身份证号：30522199810226653 家庭住址：厦门 电话号码：152－585－91234 电子邮件：1525859@com 邮政编码：361054			
操作描述	1. 打开浏览器(IE、火狐、谷歌) 2. 输入 URL 地址 3. 单击"注册"按钮 4. 电话号码格式错误，其他信息正确			
期望结果	请输入正确的电话号码			
实际结果	注册成功			
测试人员	×××	开发人员	测试日期	2020-10-20

项目/软件	在线订餐系统	版本	V1.0	
作者	×××	功能模块名	REGISTER 模块	
用例编号	DC-REGISTER-14	编制人	×××	
修改历史		编制时间	2020-10-20	
功能特性	测试该系统注册模块，注册模块实现注册功能			
测试目的	在未登录条件下，测试系统注册功能模块实现的情况			

续表

预置条件	其他信息正确，电子邮箱格式错误		
测试数据	用户名：hyp 密码：123456 确认密码：123456 真实姓名：hyp 性别：女 年龄：10 身份证号：30522199810226653 家庭住址：厦门 电话号码：15258591234 电子邮件：1525859@qq.com 邮政编码：361054		
操作描述	1. 打开浏览器(IE、火狐、谷歌) 2. 输入 URL 地址 3. 单击"注册"按钮 4. 电子邮箱格式错误，其他信息正确		
期望结果	请输入正确的电子邮箱		
实际结果	注册成功		
测试人员	×××　开发人员		测试日期　2020-10-20

项目/软件	在线订餐系统	版本	V1.0
作者	×××	功能模块名	REGISTER 模块
用例编号	DC-REGISTER-15	编制人	×××
修改历史		编制时间	2020-10-20
功能特性	测试该系统注册模块，注册模块实现注册功能		
测试目的	在未登录条件下，测试系统注册功能模块实现的情况		
预置条件	其他信息正确，用户名为空		
测试数据	用户名： 密码：123456 确认密码：123456 真实姓名：hyp 性别：女 年龄：13 身份证号：30522199810226653 家庭住址：厦门 电话号码：15258591234 电子邮件：1525859@qq.com 邮政编码：361054		

操作描述	1. 打开浏览器(IE、火狐、谷歌) 2. 输入 URL 地址 3. 单击"注册"按钮 4. 用户名为空，其他信息正确			
期望结果	提示用户名不能为空			
实际结果	提示用户名不能为空			
测试人员	××× 开发人员		测试日期	2020-10-20

项目/软件	在线订餐系统	版本	V1.0
作者	×××	功能模块名	REGISTER 模块
用例编号	DC-REGISTER-16	编制人	×××
修改历史		编制时间	2020-10-20
功能特性	测试该系统注册模块，注册模块实现注册功能		
测试目的	在未登录条件下，测试系统注册功能模块实现的情况		
预置条件	其他信息正确，电子邮箱为空		
测试数据	用户名：hhh 密码：123456 确认密码：123456 真实姓名：hyp 性别：女 年龄：14 身份证号：30522199810226653 家庭住址：厦门 电话号码：15258591234 电子邮件： 邮政编码：361054		
操作描述	1. 打开浏览器(IE、火狐、谷歌) 2. 输入 URL 地址 3. 单击"注册"按钮 4. 电子邮箱为空，其他信息正确		
期望结果	提示电子邮箱不能为空		
实际结果	提示电子邮箱不能为空		
测试人员	××× 开发人员	测试日期	2020-10-20

项目/软件	在线订餐系统	版本	V1.0
作者	×××	功能模块名	REGISTER 模块
用例编号	DC-REGISTER-17	编制人	×××
修改历史		编制时间	2020-10-20
功能特性	测试该系统注册模块，注册模块实现注册功能		
测试目的	在未登录条件下，测试系统注册功能模块实现的情况		
预置条件	其他信息正确，密码不一致		
测试数据	用户名：hhh 密码：123456 确认密码：123456aa 真实姓名：hyp 性别：女 年龄：14 身份证号：30522199810226653 家庭住址：厦门 电话号码：15258591234 电子邮件：1525859@qq.com 邮政编码：361054		
操作描述	1. 打开浏览器(IE、火狐、谷歌) 2. 输入 URL 地址 3. 单击"注册"按钮 4. 密码不一致，其他信息正确		
期望结果	提示两次密码不一致		
实际结果	提示两次密码不一致		
测试人员	×××	开发人员	测试日期 2020-10-20

项目/软件	在线订餐系统	版本	V1.0
作者	×××	功能模块名	REGISTER 模块
用例编号	DC-REGISTER-18	编制人	×××
修改历史		编制时间	2020-10-20
功能特性	测试该系统注册模块，注册模块实现注册功能		
测试目的	在未登录条件下，测试系统注册功能模块实现的情况		
预置条件	其他信息正确，密码为空		
测试数据	用户名：hhh 密码： 确认密码： 真实姓名：hyp		

测试数据	性别：女 年龄：14 身份证号：30522199810226653 家庭住址：厦门 电话号码：15258591234 电子邮件：1525859@qq. com 邮政编码：361054			
操作描述	1. 打开浏览器(IE、火狐、谷歌) 2. 输入 URL 地址 3. 单击"注册"按钮 4. 密码为空，其他信息正确			
期望结果	提示密码不能为空			
实际结果	提示密码不能为空			
测试人员	×××	开发人员	测试日期	2020-10-20

项目/软件	在线订餐系统	版本	V1.0
作者	×××	功能模块名	REGISTER 模块
用例编号	DC-REGISTER-19	编制人	×××
修改历史		编制时间	2020-10-20
功能特性	测试该系统注册模块，注册模块实现注册功能		
测试目的	在未登录条件下，测试系统注册功能模块实现的情况		
预置条件	其他信息正确，真实姓名为空		
测试数据	用户名：hhh 密码：123456 确认密码：123456 真实姓名： 性别：女 年龄：14 身份证号：30522199810226653 家庭住址：厦门 电话号码：15258591234 电子邮件：1525859@qq. com 邮政编码：361054		
操作描述	1. 打开浏览器(IE、火狐、谷歌) 2. 输入 URL 地址 3. 单击"注册"按钮 4. 真实姓名为空，其他信息正确		

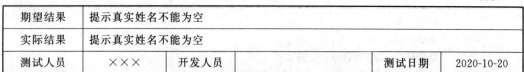

期望结果	提示真实姓名不能为空			
实际结果	提示真实姓名不能为空			
测试人员	×××	开发人员	测试日期	2020-10-20

项目/软件	在线订餐系统	版本	V1.0
作者	×××	功能模块名	REGISTER 模块
用例编号	DC-REGISTER-21	编制人	×××
修改历史		编制时间	2020-10-20
功能特性	测试该系统注册模块，注册模块实现注册功能		
测试目的	在未登录条件下，测试系统注册功能模块实现的情况		
预置条件	其他信息正确，年龄为空		
测试数据	用户名：hhh 密码：123456 确认密码：123456 真实姓名：哈哈哈 性别：女 年龄： 身份证号：30522199810226653 家庭住址：厦门 电话号码：15258591234 电子邮件：1525859@qq. com 邮政编码：361054		
操作描述	1. 打开浏览器(IE、火狐、谷歌) 2. 输入 URL 地址 3. 单击"注册"按钮 4. 年龄为空，其他信息正确		
期望结果	提示年龄不能为空		
实际结果	提示年龄不能为空		
.测试人员	××× 　开发人员	测试日期	2020-10-20

项目/软件	在线订餐系统	版本	V1.0
作者	×××	功能模块名	REGISTER 模块
用例编号	DC-REGISTER-21	编制人	×××
修改历史		编制时间	2020-10-20
功能特性	测试该系统注册模块，注册模块实现注册功能		
测试目的	在未登录条件下，测试系统注册功能模块实现的情况		

续表

预置条件	其他信息正确，全部为空		
测试数据	用户名： 密码： 确认密码： 真实姓名： 性别： 年龄： 身份证号： 家庭住址： 电话号码： 电子邮件： 邮政编码：		
操作描述	1. 打开浏览器(IE、火狐、谷歌) 2. 输入 URL 地址 3. 单击"注册"按钮 4. 全部为空		
期望结果	提示用户名不能为空		
实际结果	提示用户名不能为空		
测试人员	××× 开发人员		测试日期 2020-10-20

项目/软件	在线订餐系统	版本	V1.0
作者	×××	功能模块名	订餐模块
用例编号	DC-DING01	编制人	×××
修改历史		编制时间	2020-10-20
功能特性	测试该系统订餐模块，不同的登录条件下，单击订餐模块，商品放到购物车状态		
测试目的	在不同的登录条件下，测试系统订餐模块		
预置条件	不进行登录，单击"订餐"按钮		
测试数据	Null		
操作描述	在浏览器(需考虑浏览器的兼容性，可能需要多个浏览器测试，如 IE、火狐、谷歌等)中打开在线订餐系统，单击订餐模块		
期望结果	订餐失败，系统提示错误，无法完成订餐等权限内操作		

续表

实际结果	订餐失败，系统提示错误，无法完成订餐等权限内操作。 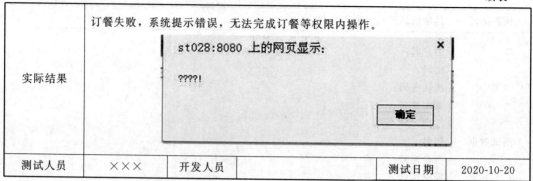			
测试人员	×××	开发人员	测试日期	2020-10-20

项目/软件	在线订餐系统	版本	V1.0
作者	×××	功能模块名	订餐模块
用例编号	DC-DING03	编制人	×××
修改历史		编制时间	2020-10-20
功能特性	测试该系统订餐模块，登录条件下，单击订餐模块，商品放到购物车状态，修改数量		
测试目的	登录条件下，测试系统订餐模块的修改数量		
预置条件	进行登录后单击订餐模块，修改数量		
测试数据	5		
操作描述	在浏览器(需考虑浏览器的兼容性，可能需要多个浏览器测试，如 IE、火狐、谷歌等)中打开在线订餐系统，单击订餐模块		
期望结果	商品放到购物车，修改商品数量等权限内操作		
实际结果	商品放到购物车，完成订餐数量修改等权限内操作		
测试人员 ××× 开发人员		测试日期	2020-10-20

项目/软件	在线订餐系统	版本	V1.0
作者	×××	功能模块名	订餐模块
用例编号	DC-DELECT-01	编制人	×××
修改历史		编制时间	2020-10-20
功能特性	测试该系统订餐模块，登录状态下，到购物车删除商品		
测试目的	登录状态下，测试系统订餐模块删除功能		
预置条件	登录，单击订餐按钮，跳到购物车界面，单击"删除"按钮		
测试数据	删除炒肉滑子菇		
操作描述	在浏览器(需考虑浏览器的兼容性，可能需要多个浏览器测试，如 IE、火狐、谷歌等)中打开在线订餐系统，登录后，随机添加商品，跳到购物车后单击"删除"按钮		

续表

期望结果	删除，完成订餐删除权限操作。			
实际结果	删除，完成订餐删除权限操作。			
测试人员	××× 开发人员		测试日期	2020-10-20

项目/软件	在线订餐系统	版本	V1.0
作者	×××	功能模块名	购物车模块
用例编号	DC-CAR-01	编制人	×××
修改历史		编制时间	2020.10.20
功能特性	测试该系统购物车模块，当修改数量时，系统会自动修改价格		
测试目的	在不同的条件下，测试系统购物车模块实现的情况		
预置条件	登录时，单击"订餐"按钮，修改数量，系统会自动修改价格		
测试数据	66		
操作描述	1. 打开浏览器(IE、火狐、谷歌) 2. 输入 URL 地址 3. 登录用户 4. 单击"订餐"按钮 5. 输入数量，单击"修改数量"按钮		
期望结果	修改数量，系统会自动修改价格		
实际结果			
测试人员	××× 开发人员	测试日期	2020-10-20

项目/软件	在线订餐系统	版本	V1.0
作者	×××	功能模块名	购物车模块
用例编号	DC-CAT-02	编制人	×××
修改历史		编制时间	2020.10.20
功能特性	测试该系统购物车模块，单击"删除"按钮，系统会把此菜单删除		
测试目的	在订餐的条件下，测试系统购物车模块实现的情况		
预置条件	登录时，单击"订餐"按钮，单击"删除"按钮，系统会把菜单删除		
测试数据			

续表

操作描述	1. 打开浏览器(IE、火狐、谷歌)，输入 URL 地址 2. 登录用户 3. 单击"订餐"按钮 4. 单击"删除"按钮			
期望结果	单击"删除"按钮，系统会删除那个菜单			
实际结果				
测试人员	×××　　开发人员		测试日期	2020-10-20

项目/软件	在线订餐系统	版本	V1.0
作者	×××	功能模块名	订餐车模块
用例编号	DC-CAT-03	编制人	×××
修改历史		编制时间	2020.10.20
功能特性	测试该系统订餐车模块，查看记录功能		
测试目的	在已订餐商品的条件下，单击"继续购物"按钮，继续选择商品		
预置条件	登录时，单击"订餐"按钮，到购物车后单击"继续购物"按钮，添加商品		
测试数据			
操作描述	1. 打开浏览器(IE、火狐、谷歌) 2. 输入 URL 地址 3. 登录用户 4. 单击"订餐"按钮 5. 单击"继续订餐"按钮 6. 单击"订餐"按钮		
期望结果	订餐车累加商品数据		
实际结果	订餐车累加商品数据		
测试人员	×××　　开发人员	测试日期	2020-10-20

项目/软件	在线订餐系统	版本	V1.0
作者	×××	功能模块名	用户中心
用例编号	DC-UPDATA-01	编制人	×××
修改历史		编制时间	2020-10-20
功能特性	测试该系统订餐模块，未登录状态下，到用户中心修改用户信息		

续表

测试目的	未登录状态下，测试系统订餐系统修改用户信息功能			
预置条件	未登录状态下，单击"用户中心"按钮，修改用户信息			
测试数据	NULL			
操作描述	在浏览器(需考虑浏览器的兼容性，可能需要多个浏览器测试，如 IE、火狐、谷歌等)中打开在线订餐系统，未登录状态下，单击"用户中心"按钮			
期望结果	提示请先登录			
实际结果	提示请先登录			
测试人员	×××	开发人员	测试日期	2020-10-20

项目/软件	在线订餐系统	版本	V1.0
作者	×××	功能模块名	用户中心
用例编号	DC-UPDATA-02	编制人	×××
修改历史		编制时间	2020-10-20
功能特性	测试该系统订餐模块，登录状态下，到用户中心修改用户信息		
测试目的	登录状态下，测试系统订餐系统修改用户信息功能		
预置条件	登录状态下，单击"用户中心"按钮，修改用户信息		
测试数据	用户名：hyp 密码：123456 确认密码：123456 真实姓名：××× 性别：女 年龄：18 身份证号：30522199810226653 家庭住址：厦门 电话号码：15258591234 电子邮件：1525859@qq.com 邮政编码：361054		
操作描述	在浏览器(需考虑浏览器的兼容性，可能需要多个浏览器测试，如 IE、火狐、谷歌等)中打开在线订餐系统，登录后，单击"用户中心"按钮，修改个人信息，单击"保存"按钮		
期望结果	用户信息修改成功，完成用户信息修改权限操作。		
实际结果	用户信息修改成功，完成用户信息修改权限操作。		

测试人员	×××	开发人员		测试日期	2020-10-20

项目/软件	在线订餐系统		版本	V1.0
作者	×××		功能模块名	订餐模块
用例编号	DC-COUNT-01		编制人	×××
修改历史			编制时间	2020-10-20
功能特性	测试该系统订餐模块结算功能，添加商品到购物车，后删除商品			
测试目的	登录状态下，测试系统订餐模块收银台结算功能			
预置条件	登录，单击"订餐"按钮，跳到购物车界面，单击"删除所有商品"按钮			
测试数据	删除所有商品			
操作描述	在浏览器（需考虑浏览器的兼容性，可能需要多个浏览器测试，如 IE、火狐、谷歌等）中打开在线订餐系统，登录后，随机添加商品，跳到购物车后单击删除所有商品按钮，单击"收银台"按钮			
期望结果	提示您的订餐车中没有商品			
实际结果	恭喜您，订餐成功			
测试人员	×××	开发人员		测试日期	2020-10-20

项目/软件	在线订餐系统		版本	V1.0
作者	×××		功能模块名	订餐模块
用例编号	DC-COUNT-02		编制人	×××
修改历史			编制时间	2020-10-20
功能特性	测试该系统订餐模块，登录状态下，到购物车结算商品			
测试目的	登录状态下，测试系统订餐模块收银台结算功能			
预置条件	登录，单击"订餐"按钮，跳到购物车界面，单击"收银台"按钮			
测试数据	炒肉滑子菇　20　1 20			
操作描述	在浏览器（需考虑浏览器的兼容性，可能需要多个浏览器测试，如 IE、火狐、谷歌等）中打开在线订餐系统，登录后，随机添加商品，跳到购物车后单击"收银台"按钮			
期望结果	提示恭喜您，订餐成功			
实际结果	提示恭喜您，订餐成功			
测试人员	×××	开发人员		测试日期	2020-10-20

项目/软件	在线订餐系统		版本	V1.0
作者	×××		功能模块名	订餐模块
用例编号	DC-COUNT-03		编制人	×××
修改历史			编制时间	2020-10-20
功能特性	测试该系统订餐模块，登录状态下，到购物车清空订餐车			

续表

测试目的	登录状态下，测试系统订餐模块清空订餐车功能			
预置条件	登录，单击"订餐"按钮，跳到购物车界面，单击"清空订餐车"按钮			
测试数据	Null			
操作描述	在浏览器(需考虑浏览器的兼容性，可能需要多个浏览器测试，如 IE、火狐、谷歌等)中打开在线订餐系统，登录后，随机添加商品，跳到购物车后单击"清空订餐车"按钮			
期望结果	订餐车数据为空，完成订餐清空权限操作			
实际结果	订餐车数据为空，完成订餐清空权限操作			
测试人员	×××	开发人员	测试日期	2020-10-20

项目/软件	在线订餐系统	版本	V1.0
作者	×××	功能模块名	订餐模块
用例编号	DC-COUNT-04	编制人	×××
修改历史		编制时间	2020-10-20
功能特性	测试该系统订餐模块，登录状态下，到购物车清空订餐车，单击"收银台"按钮		
测试目的	登录状态下，测试系统订餐模块收银台结算功能		
预置条件	登录，单击"订餐"按钮，跳到购物车界面，单击"清空订餐车"按钮，进行结算		
测试数据	Null		
操作描述	在浏览器(需考虑浏览器的兼容性，可能需要多个浏览器测试，如 IE、火狐、谷歌等)中打开在线订餐系统，登录后，随机添加商品，跳到购物车后单击"清空订餐车"按钮。单击"收银台"按钮		
期望结果	提示您的订餐车中没有商品		
实际结果	提示您的订餐车中没有商品		
测试人员	×××　开发人员	测试日期	2020-10-20

项目/软件	在线订餐系统	版本	V1.0
作者	×××	功能模块名	订餐模块
用例编号	DC-CONTINU-05	编制人	×××
修改历史		编制时间	2020-10-20
功能特性	测试该系统订餐模块，登录状态下，到购物车后，单击"继续购物"按钮		
测试目的	登录状态下，测试系统订餐模块继续购物功能		
预置条件	登录，单击"订餐"按钮，跳到购物车界面，单击"继续购物"按钮		
测试数据	单击"继续购物"按钮		

操作描述	在浏览器(需考虑浏览器的兼容性,可能需要多个浏览器测试,如 IE、火狐、谷歌等)中打开在线订餐系统,登录后,随机添加商品,跳到购物车后单击"继续购物"按钮,返回首页			
期望结果	返回首页,继续购物			
实际结果	返回首页,继续购物			
测试人员	×××	开发人员	测试日期	2020-10-20

项目/软件	在线订餐系统	版本	V1.0
作者	×××	功能模块名	订餐模块
用例编号	DC-CONTINU-06	编制人	×××
修改历史		编制时间	2020-10-20
功能特性	测试该系统订餐模块,登录状态下,结算后保存订单信息		
测试目的	登录状态下,测试系统订餐模块购物车功能		
预置条件	登录,单击"订餐"按钮,跳到购物车界面,单击"收银台结算"按钮		
测试数据	Null		
操作描述	在浏览器(需考虑浏览器的兼容性,可能需要多个浏览器测试,如 IE、火狐、谷歌等)中打开在线订餐系统,登录后,随机添加商品,结算后,查看购物车		
期望结果	显示购物车的订单信息		
实际结果	购物车无数据		

测试人员	×××	开发人员	测试日期	2020-10-20

项目/软件	在线订餐系统	版本	V1.0
作者	×××	功能模块名	菜单模块
用例编号	DC-MENU-01	编制人	×××
修改历史		编制时间	2020-10-20
功能特性	测试该系统菜单模块,未登录状态下,不能订餐		
测试目的	测试该系统菜单模块,未登录状态下,不能进行订餐		
预置条件	不登录该系统,单击首页最新菜单下商品,单击"订餐"按钮		
测试数据	NULL		
操作描述	在浏览器(需考虑浏览器的兼容性,可能需要多个浏览器测试,如 IE、火狐、谷歌等)中打开在线订餐系统,随机添加菜单下商品		
期望结果	提示请先登录		
实际结果	提示????!		

测试人员	×××	开发人员	测试日期	2020-10-20

项目/软件	在线订餐系统	版本	V1.0
作者	×××	功能模块名	菜单模块
用例编号	DC-MENU-02	编制人	×××
修改历史		编制时间	2020-10-20
功能特性	测试该系统菜单模块，登录状态下，订餐功能的实现		
测试目的	测试该系统菜单模块，登录状态下，进行订餐		
预置条件	登录，单击首页最新菜单下商品，单击"订餐"按钮		
测试数据	NULL		
操作描述	在浏览器(需考虑浏览器的兼容性，可能需要多个浏览器测试，如 IE、火狐、谷歌等)中打开在线订餐系统，登录后，随机添加菜单下商品		
期望结果	商品添加到购物车		
实际结果	商品添加到购物车		
测试人员	×××	开发人员		测试日期	2020-10-20

附录3　软件测试报告

1. 概述（Summary）

1.1　项目简介（Project Synopsis）

在本章节中简介项目的基本情况。

1.2　术语定义（Terms Glossary）

将该测试报告中的术语、缩写进行定义，包括用户应用领域与计算机领域的术语与缩写等。

LR

QTP

MIS

B/S

QA

1.3　参考资料（References）

说明该测试报告使用的参考资料，如，

[1]《商务合同》

[2]《用户需求报告》

[3]《需求规格说明书》

1.4　版本更新信息（Version Updated Record）

版本更新记录格式，如表1所示。

表1　版本更新记录

版本号	创建者	创建日期	维护者	维护日期	维护纪要
V1.0	陈超强	2020-12-19	—	—	—

2. 目标系统功能需求（Function of Target System）

由《用户需求报告》/《需求规格说明书》复制到的功能需求点列表，如表2所示。

表2 功能需求点列表

编号	功能名称	使用部门	使用岗位	功能描述	输入内容	输出内容
1	登录	任意	任意	使用已存在账号登录	Username：111 Password：111	登录成功
2	注册	任意	任意	使用未注册账号进行注册	Username：222 Password：222	注册成功
3	点餐	任意	任意	使用账号进行点餐	点击想要的餐	点餐成功

3. 目标系统性能需求(Performance of Target System)

由《用户需求报告》/《需求规格说明书》复制到的需求性能点列表，如表3所示。

表3 性能需求点列表

编号	功能名称	使用部门	使用岗位	功能描述	输入内容	输出内容
1	登录	任意	任意	使用已存在账号登录	Username：111 Password：111	登录成功
2	注册	任意	任意	使用未注册账号进行注册	Username：222 Password：222	注册成功
3	点餐	任意	任意	使用账号进行点餐	点击想要的餐	点餐成功

4. 功能测试报告(Report for Function Test)

搭建功能测试平台，使测试平台与运行平台一致。按照功能点列表内容，设计测试用例(输入/输出内容)，进行现场测试，记录测试数据，评定测试结果。测试活动的记录格式，如表4所示。

表4 功能测试记录

编号	功能名称	功能描述	用例输入内容	用例输出内容	发现问题	测试结果	测试时间	测试人
1	DC-LOGIN-01	LOGIN模块	用户名：111 密码：111	登录成功	无	√	2020-09-24	陈超强
2	DC-LOGIN-02	LOGIN模块	用户名：111 密码：222	登录失败	无	√	2020-09-24	陈超强
3	DC-LOGIN-03	LOGIN模块	用户名：222 密码：222	登录失败	无	√	2020-09-24	陈超强

编号	功能名称	功能描述	用例输入内容	用例输出内容	发现问题	测试结果	测试时间	测试人
4	DC-LOGIN-04	LOGIN模块	用户名：222 密码：	登录失败	无	√	2020-09-24	陈超强
5	DC-LOGIN-05	LOGIN模块	用户名： 密码：	登录失败	无	√	2020-09-24	陈超强
6	DC-LOGIN-06	LOGIN模块	用户名：111 密码：qwe	登录失败	无	√	2020-09-24	陈超强
7	DC-LOGIN-07	LOGIN模块	用户名：11¥ 密码：111	登录失败	无	√	2020-09-24	陈超强
8	DC-LOGIN-08	LOGIN模块	用户名：11¥0000000 密码：1110000000 密码：111	登录失败	无	√	2020-09-24	陈超强
9	DC-LOGIN-09	LOGIN模块	用户名：111 密码：1110000000	登录失败	无	√	2020-09-24	陈超强
10	DC-LOGIN-10	LOGIN模块	用户名：11¥0000000 密码：1110000000	登录失败	无	√	2020-09-24	陈超强
11	DC-LOGIN-11	LOGIN模块	用户名：111 密码：111	登录失败	无	√	2020-09-24	陈超强
12	DC-LOGIN-12	LOGIN模块	用户名： 密码：111	登录失败	无	√	2020-09-24	陈超强
13	DC-LOGIN-13	LOGIN模块	用户名：111 密码：111	登录失败	无	√	2020-09-24	陈超强
14	DC-LOGIN-14	LOGIN模块	用户名：111 密码：111	登录失败	无	√	2020-09-24	陈超强
15	DC-LOGIN-15	LOGIN模块	用户名：111 密码：111	登录失败	无	√	2020-09-24	陈超强
16	DC-LOGIN-16	LOGIN模块	用户名：333 密码：333	登录失败	无	√	2020-09-24	陈超强
17	DC-Register01	Register模块	用户名：222 密码：222 确认密码：222 真实姓名：222 性别：男 年龄：222 身份证号：222 家庭住址：222 电话号码：222 邮政编码：222	注册成功	无	√	2020-09-24	陈超强

续表

编号	功能名称	功能描述	用例输入内容	用例输出内容	发现问题	测试结果	测试时间	测试人
18	DC-Register02	Register模块	不输入用户信息	注册失败提示填信息。	无	√	2020-09-24	陈超强
19	DC-Register03	Register模块	用户名： 密码：222 确认密码：222 真实姓名：222 性别：男 年龄：222 身份证号：222 家庭住址：222 电话号码：222 邮政编码：222	注册失败提示填信息。	无	√	2020-09-24	陈超强
20	DC-Register04	Register模块	用户名：222 密码： 确认密码：222 真实姓名：222 性别：男 年龄：222 身份证号：222 家庭住址：222 电话号码：222 邮政编码：222	注册失败提示填信息。	无	√	2020-09-24	陈超强
21	DC-Register05	Register模块	用户名：222 密码：222 确认密码： 真实姓名：222 性别：男 年龄：222 身份证号：222 家庭住址：222 电话号码：222 邮政编码：222	注册失败提示填信息。	无	√	2020-09-24	陈超强

编号	功能名称	功能描述	用例输入内容	用例输出内容	发现问题	测试结果	测试时间	测试人
22	DC-Register06	Register模块	用户名：222 密码：222 确认密码：333 真实姓名：222 性别：男 年龄：222 身份证号：222 家庭住址：222 电话号码：222 邮政编码：222	注册失败提示填信息。	无	√	2020-09-24	陈超强
23	DC-Register07	Register模块	用户名：222 密码：222 确认密码：222 真实姓名： 性别：男 年龄：222 身份证号：222 家庭住址：222 电话号码：222 邮政编码：222	注册失败提示填信息。	无	√	2020-09-24	陈超强
24	DC-Register08	Register模块	用户名：222 密码：222 确认密码：222 真实姓名： 性别：男 年龄：222 身份证号：222 家庭住址：222 电话号码：222 邮政编码：222	注册失败提示填信息。	无	√	2020-09-24	陈超强

编号	功能名称	功能描述	用例输入内容	用例输出内容	发现问题	测试结果	测试时间	测试人
25	DC-Register09	Register模块	用户名：222 密码：222 确认密码：222 真实姓名： 性别：男 年龄：222 身份证号：222 家庭住址：222 电话号码：222 邮政编码：222	注册失败提示填信息。	无	√	2020-09-24	陈超强
26	DC-Register10	Register模块	用户名：222 密码：222 确认密码：222 真实姓名： 性别：男 年龄：222 身份证号：222 家庭住址：222 电话号码：222 邮政编码：222	注册失败提示填信息。	无	√	2020-09-24	陈超强
27	DC-Register11	Register模块	用户名：222 密码：222 确认密码：222 真实姓名： 性别：男 年龄：222 身份证号：222 家庭住址：222 电话号码：222 邮政编码：222	注册失败提示填信息。	无	√	2020-09-24	陈超强

续表

编号	功能名称	功能描述	用例输入内容	用例输出内容	发现问题	测试结果	测试时间	测试人
28	DC-Register12	Register 模块	用户名：222 密码：222 确认密码：222 真实姓名：222 性别：男 年龄： 身份证号：222 家庭住址：222 电话号码：222 邮政编码：222	注册失败提示填信息。	无	√	2020-09-24	陈超强
29	DC-onclick01	onclick 模块	点击菜单中的红烧鱼	进入购物车	无	√	2020-09-24	陈超强
30	DC-onclick02	onclick 模块	点击菜单中的酱香肉	进入购物车	无	√	2020-09-24	陈超强
31	DC-onclick03	onclick 模块	点击菜单中的五香鱼肉	进入购物车	无	√	2020-09-24	陈超强
32	DC-onclick04	onclick 模块	点击菜单中的大骨炖粉条	进入购物车	无	√	2020-09-24	陈超强
33	DC-onclick05	onclick 模块	点击菜单中的黄瓜拉皮	进入购物车	无	√	2020-09-24	陈超强
34	DC-onclick06	onclick 模块	点击菜单中的炝肉	进入购物车	无	√	2020-09-24	陈超强
35	DC-onclick07	onclick 模块	点击菜单中的豆腐丝	进入购物车	无	√	2020-09-24	陈超强
36	DC-onclick08	onclick 模块	点击菜单中的木须肉	进入购物车	无	√	2020-09-24	陈超强
37	DC-onclick09	onclick 模块	点击菜单中的红烧鱼	进入购物车	无	√	2020-09-24	陈超强
38	DC-onclick10	onclick 模块	点击菜单中的滑菇炒肉丝	进入购物车	无	√	2020-09-24	陈超强
39	DC-onclick11	onclick 模块	点击菜单中的大骨炖酸菜	进入购物车	无	√	2020-09-24	陈超强

续表

编号	功能名称	功能描述	用例输入内容	用例输出内容	发现问题	测试结果	测试时间	测试人
40	DC-onclick12	onclick 模块	点击菜单中的大骨炖酸菜	进入购物车	无	√	2020-09-24	陈超强
41	DC-onclick13	onclick 模块	双击菜单中的红烧鱼	进入购物车	无	√	2020-09-24	陈超强
42	DC-onclick14	onclick 模块	双击菜单中的滑菇炒肉丝	进入购物车	无	√	2020-09-24	陈超强
43	DC-onclick15	onclick 模块	双击菜单中的五香鱼肉	进入购物车	无	√	2020-09-24	陈超强
44	DC-onclick16	onclick 模块	双击菜单中的酱香肉	进入购物车	无	√	2020-09-24	陈超强
45	DC-shop01	Shop 模块	展示商品	购物车正常打开	无	√	2020-09-24	陈超强
46	DC-shop02	Shop 模块	删除商品	商品删除	无	√	2020-09-24	陈超强
47	DC-shop03	Shop 模块	添加商品	商品添加	无	√	2020-09-24	陈超强
48	DC-shop04	Shop 模块	修改商品	修改成功	无	√	2020-09-24	陈超强
49	DC-shop05	Shop 模块	修改食物数量	修改成功	无	√	2020-09-24	陈超强
50	DC-shop06	Shop 模块	点击下单	下单成功	无	√	2020-09-24	陈超强
51	DC-shop07	Shop 模块	浏览食物	浏览成功	无	√	2020-09-24	陈超强
52	DC-shop08	Shop 模块	未登录购买食物	提示登录	无	√	2020-09-24	陈超强

5. 负载测试报告(Rreport for Performance Test)

搭建负载测试平台,使测试平台与运行平台一致。按照性能点列表内容,设计测试用例(输入/输出内容),进行现场测试,记录测试数据,评定测试结果。测试活动的记录,如表5所示。

表5 负载测试记录

场景参数	总吞吐量（字节）	平均吞吐量（字节/秒）	总点击次数	平均每秒点击次数	持续时间	错误总数	事务：	…
30	1,948,762,169	2,948,203	201,825	305.333	11 分钟	0	通过总数：8,133 失败总数：0 停止总数：5	
80	4,941,401,625	3,690,367	536,109	400.38	22 分钟，18 秒	11,418	通过总数：18,939 失败总数：11,418 停止总数：3	
120	5,710,561,974	3,037,533	639,464	340.14	31 分钟，19 秒	22715	通过总数：21,041 失败总数：22,715 停止总数：5	
160	4,224,884,156	1,745,820	463,786	191.647	40 分钟，19 秒	29,067	通过总数：16,962 失败总数：24,325 停止总数：4	

具体各场景测试结果报告如图 1～图 4 所示：

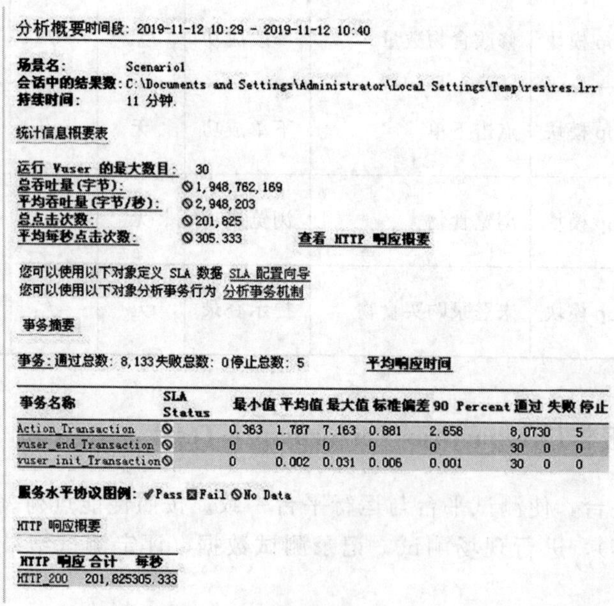

图 1

分析概要时间段: 2019-11-12 10:37 - 2019-11-12 10:59

场景名: Scenario1
会话中的结果数: C:\Documents and Settings\Administrator\Local Settings\Temp\res\res.lrr
持续时间: 22 分钟，18 秒.

统计信息概要表

运行 Vuser 的最大数目: 80
总吞吐量 (字节): ◎ 4,941,401,625
平均吞吐量 (字节/秒): ◎ 3,690,367
总点击次数: ◎ 536,109
平均每秒点击次数: ◎ 400.38   查看 HTTP 响应概要
错误总数: ◎ 11,418

您可以使用以下对象定义 SLA 数据 SLA 配置向导
您可以使用以下对象分析事务行为 分析事务机制

事务摘要

事务: 通过总数: 18,939 失败总数: 11,418 停止总数: 3   平均响应时间

事务名称	SLA Status	最小值	平均值	最大值	标准偏差	90 Percent	通过	失败	停止
Action_Transaction	◎	0.156	2.734	13.234	1.516	4.656	18,779	11,4183	
vuser_end_Transaction	◎	0	0	0	0	0	80	0	0
vuser_init_Transaction	◎	0	0.001	0.016	0.003	0.001	80	0	0

服务水平协议图例: ✓Pass ☒Fail ◎No Data

HTTP 响应概要

HTTP 响应	合计	每秒
HTTP_200	530,244	396
HTTP_500	5,865	4.38

图 2

分析概要时间段: 2019-12-2 10:38 - 2019-12-2 11:10

场景名: Scenario1
会话中的结果数: C:\Documents and Settings\Administrator\Local Settings\Temp\res\r
持续时间: 31 分钟，19 秒.

统计信息概要表

运行 Vuser 的最大数目: 120
总吞吐量 (字节): ◎ 5,710,561,974
平均吞吐量 (字节/秒): ◎ 3,037,533
总点击次数: ◎ 639,464
平均每秒点击次数: ◎ 340.14   查看 HTTP 响应概要
错误总数: ◎ 22,715

您可以使用以下对象定义 SLA 数据 SLA 配置向导
您可以使用以下对象分析事务行为 分析事务机制

事务摘要

事务: 通过总数: 21,041 失败总数: 22,715 停止总数: 5   平均响应时间

事务名称	SLA Status	最小值	平均值	最大值	标准偏差	90 Percent	通过	
Action_Transaction	◎	0.172	3.9	14.844	2.182	6.688	20,8012	
vuser_end_Transaction	◎	0	0	0.016	0.001	0	120	0
vuser_init_Transaction	◎	0	0	0.002	0	0	120	0

服务水平协议图例: ✓Pass ☒Fail ◎No Data

HTTP 响应概要

HTTP 响应	合计	每秒
HTTP_200	627,813	333.943
HTTP_500	11,651	6.197

查看每秒重试次数图.

图 3

分析概要时间段: 2019-11-12 10:43 - 2019-11-12 11:24

场景名: Scenario1
会话中的结果数: C:\Documents and Settings\Administrator\Local Settings\Temp\res\res.lrr
持续时间: 40 分钟, 19 秒.

统计信息概要表

运行 Vuser 的最大数目: 160
总吞吐量(字节):   ◎4,224,884,156
平均吞吐量(字节/秒):   ◎1,745,820
总点击次数: ◎463,786
平均每秒点击次数: ◎191.647   查看 HTTP 响应概要
错误总数: ◎29,067

您可以使用以下对象定义 SLA 数据 SLA 配置向导
您可以使用以下对象分析事务行为 分析事务机制

事务摘要

事务:通过总数: 16,962 失败总数: 24,325 停止总数: 4   平均响应时间

事务名称	SLA Status	最小值	平均值	最大值	标准偏差	90 Percent	通过	失败	停止
Action_Transaction	◎	0.359	7.802	50.547	6.784	17.359	16,642	24,3254	
vuser_end_Transaction	◎	0	0	0	0	0	160	0	0
vuser_init_Transaction	◎	0	0.001	0.027	0.003	0.001	160	0	0

服务水平协议图例:✔Pass ⊠Fail ◎No Data

HTTP 响应概要

HTTP 响应合计		每秒
HTTP_200	459,413	189.84
HTTP_500	4,373	1.807

查看每秒重试次数图。

图 4

具体分析。

吞吐量:随着场景参数的增加,总吞吐量也呈现递增的趋势。

每秒事物总数:随着人数的增加错误也增加,每秒的点击率相应减少。

事务:随着人数的增加错误的事务也增加。

6. 测试结论(Test Verdict)

当测试完成之后,测试组应对本次测试做出结论。格式如下。

功能测试结论:

功能测试主要围绕着在线订餐系统进行用例功能的测试,主要测试了登录模块功能点、注册模块功能点、验证码模块功能点。结果为登录模块功能点经过测试基本可以使用;注册模块经过测试,大多数情况没有考虑到,测试不理想;验证码模块经过测试,基本符合测试结果。

负载测试结论:

首先为 30 个 vuser 虚拟用户进行的测试持续了 12 分 47 秒,事务错误总数为 15 个,通过 169 个,停止为 23 个;为 70 个 vuser 虚拟用户进行的测试持续了 21 分 54 秒,事务错误总数为 25 个,通过 585 个,停止为 26 个;为 100 个 vuser 虚拟用户进行的测试持续了 25 分 56 秒,事务错误总数为 46 个,通过 919 个,停止为 32 个。

从中可以看出,事务决定于 vuser 个数与时间,30 个时,通过率高于错误,100 个时因为时间减少,错误与停止超过了通过数量,200 个时,虽然时间增加了,但是 vuser 个数是之前的一倍,结果也是错误与停止超过了通过数量。